国家公园体制研究与实践

李俊生 朱彦鹏 罗遵兰 罗建武 辛利娟 李博炎 编著

中国环境出版集团·北京

图书在版编目（CIP）数据

国家公园体制研究与实践 / 李俊生等著 .—北京：中国环境出版集团，2018.1
ISBN 978-7-5111-3357-1

Ⅰ．①国… Ⅱ．①李… Ⅲ．①国家公园－体制－研究－中国
Ⅳ．① S759.992

中国版本图书馆 CIP 数据核字（2017）第 238166 号
审图：GS（2017）2665 号

出 版 人　武德凯
策划编辑　王素娟
责任编辑　俞光旭
责任校对　尹　芳
封面设计　宋　瑞

出版发行　中国环境出版集团（100062 北京市东城区广渠门内大街16号）
　　　　　网　　址：http://www.cesp.com.cn
　　　　　电子邮箱：bjgl@cesp.com.cn
　　　　　联系电话：010-67112765　编辑管理部
　　　　　　　　　　010-67162011　生态分社
　　　　　发行热线：010-67125803 010-67113405（传真）
印　　刷　北京中科印刷有限公司
经　　销　各地新华书店
版　　次　2018年1月第1版
印　　次　2018年1月第1次印刷
开　　本　787×1092　1/16
印　　张　10.5
字　　数　250千字
定　　价　62.00元

《国家公园体制研究与实践》编写委员会

主 编

李俊生　朱彦鹏　罗遵兰　罗建武　辛利娟　李博炎

编 委（按姓氏拼音排列）

陈　冰　杜金鸿　付梦娣　韩　煜　靳勇超　李　果

李博炎　李俊生　罗建武　罗遵兰　史娜娜　孙　光

田　瑜　王　琦　王　伟　王纪伟　吴晓莆　肖能文

辛利娟　赵志平　朱彦鹏

前　言

　　"国家公园"的概念起源于美国,建立国家公园的初衷是为了保护印第安文化遗迹、自然景观和野生动植物资源。随着经济社会发展及人们对保护生物多样性和维持生态系统服务功能重要性认识的深化,最初的"国家公园"已经发展演变为包括国家公园、自然保护区等多种保护形式在内的自然保护地体系。

　　根据世界自然保护联盟(IUCN)统计,全球已建立国家公园5 000多处。由于历史、国情、政治经济制度不同,各国国家公园的设立标准、功能定位、管理要求和保护开发强度存在差异,其内涵也可能不同,但建立国家公园的根本目的都是保护其空间范围内的生物多样性等自然资源、生态环境及其历史文化遗产,维护典型和独特生态系统的完整性,以免遭破坏。国家公园在管理过程中,都较好地处理了保护与开发之间的关系,在保护生态环境的前提下有效推进了资源的可持续利用。

　　我国自1956年建立第一个自然保护地——鼎湖山自然保护区以来,经过60多年的发展,目前已建立了包括自然保护区、风景名胜区、森林公园、地质公园、湿地公园等10多类自然保护地,共10 000多处,约占陆地国土面积的18%。已建立的各类自然保护地为保护我国生物多样性、自然景观及自然遗迹,维护国家和区域生态安全,保障经济社会可持续发展发挥着重要的作用。但由于缺乏顶层设计和统一规划,长期按生态要素和属地管理,造成我国自然保护地体系建设和管理中长期存在三大主要问题:一是种类多、数量大,彼此缺乏有机联系;二是范围交叉重叠、多头管理、权责不清、生态系统完整性人为割裂等;三是保护与开发利用矛盾日益突出。

　　中共十八届三中全会通过的《中共中央关于全面深化改革若干重大问题的决定》中明确提出要"建立国家公园体制",中共中央、国务院印发的《加快推进生态文明建设的意见》和《生态文明体制改革总体方案》也对建立国家公园体制提出具体要求。经过全面系统的研究与实践,我们认为,建立国家公园体制要充分借鉴国际经验,立足我国国情,在完善自然保护地体系管理基础上,提出我国国家公园体制建设方案,以此推动中国自然保护地管理体制改革,实现对重要生态功能区域的整体保护和统一管理。

　　本书共分8章,书中梳理分析了我国自然保护地体系建设和管理现状、存在的问题及其成因，总结了全球国家公园等各类自然保护地建设管理的经验和教训，提出了我国自然保护地管理体制改革思路和建立国家公园体制的总体方案，并以三江源国家公园和仙居国家公园两个试点为对象，进行了实例研究。本书由李俊生、朱彦鹏负责大纲制订，朱彦鹏负责全书内容安排；罗建武负责第 1 章、第 2 章的撰写；辛利娟、朱彦鹏负责第 3 章、第 4 章撰写；罗遵兰负责第 5 章、第 6 章撰写；朱彦鹏负责第 7 章撰写；李博炎、朱彦鹏负责第 8 章撰写。全书经李俊生、朱彦鹏全面校对，由李博炎统稿。

本书在编写过程中得到了环境保护部自然生态保护司各位领导的大力支持与帮助，并提出了宝贵的意见，尤其是柏成寿副司长对本书的理论框架构建等方面无私地给予了大量的指导，在此一并表示衷心的感谢。同时，对负责三江源国家公园、仙居国家公园试点工作的青海省环境保护厅、三江源国家公园管理局和仙居国家公园管理委员会在本书编写过程中给予的帮助表示感谢。

本书可供国家公园体制改革推进者、各类自然保护地管理工作者、相关专业科研人员和学生，以及对国家公园等自然保护地感兴趣的读者使用。由于资料和时间限制，不足之处在所难免，敬请广大读者不吝指正。

编　者

2017 年 2 月于北京

目　录

第 1 章　中国自然保护地建设与管理现状

IUCN 给保护地（Protected Areas）的定义是：一个明确界定的地理空间，通过法律或其他有效获得认可、得到承诺和进行管理，以实现对自然及其所拥有的生态系统服务和文化价值的长期保护。《生物多样性公约》则将自然保护地定义为"一个划定地理界线、为达到特定保护目标而指定或实行管制和管理的地区"。自然保护地是世界各国自然保护战略的核心，也是世界公认的最有效的自然保护手段，对保障全球生态安全、保护生物多样性、减缓气候变化、保存历史文化遗产以及为人类提供各种自然福祉（包括各种生态产品、科学研究、陶冶情操、娱乐等）发挥重要作用。专栏 1-1 给出了关于IUCN 自然保护地定义中特定词语的解释。

专栏 1-1　IUCN 关于自然保护地定义中特定词语的解释

词语	解释
明确划定的地理空间	地理区域：包括陆地、内陆水域、海洋和沿海区域，两个或多个区域的组合 空间：包含三个维度，可包括地面以上空间和水层，或水体底部以上空间，以及亚层区域（如河床内洞穴） 明确划定：已约定的和明确划定边界的区域
认可	保护工作可包括一系列由人们公布的管制类型，以及由国家确定的管制类型，但这些区域都需以某种方式得到认可（如包含在世界保护地数据库中）
承诺专用的	以具体有约束力的形式承诺进行保护，比如国际公约和协定，国家、省级和地方法律，习惯法，NGO 协议，私人信托和企业政策，认证体系
管理	采取积极措施保护自然（及其他）价值，这也是保护地建立之初衷。也包括以不干预作为最好的保护策略
法律和其他有效手段	须通过一些渠道对保护地进行公示和认可，这包括国际公约或协定，或其他有效的但非公示的手段给予认可，如通过既定的传统规则对社区保护的区域进行管理，或通过较为成熟的非政府组织的政策给予承认
实现	指代的是某种程度的管理绩效

词语	解释
长期	应当对保护地进行永久管理，而不是作为短期或暂时管理策略
保护	此处指代的是在原地条件下维持生态系统以及自然和半自然生境，及在自然环境中维持物种最小生存种群，以及在圈养和栽培物种情况下，须在这些物种形成其特别性状的环境条件下开展保护
自然	此处指代的是遗传、物种和生态系统层次的生物多样性，同时也指代地理多样性，地貌和更广幅的自然价值
相关生态系统服务	指代的是与自然保护目标相关的，且不妨碍其目标的生态系统服务，这可包括：提供产品的服务（食品和水源）；调节服务（洪涝调节、土地退化和病害）；支持功能（如土壤形成、养分循环）；文化服务功能（游憩、精神、宗教以及其他非物质福利）
文化价值	代指的是不与保护目标相悖的文化价值

（引自《IUCN 自然保护地管理分类应用指南》，Nigel Dudley 主编，朱春全等译）。

　　我国幅员辽阔，从南向北跨越热带、亚热带、暖温带、温带、寒温带，从东向西跨越湿润、半湿润、半干旱、干旱区，气候类型多样，而且地势起伏显著，地形地貌复杂，温度、水分分布地域差异显著，从而孕育了丰富多彩的生物多样性，构造了优美壮丽的自然景观。为保护生态环境和自然资源，在许多自然与生态学家的建议下，我国于 1956 年在广东省肇庆市鼎湖山、海南岛尖峰岭、云南省西双版纳、福建省武夷山、吉林省长白山等地首先建立了第一批自然保护区（其中，鼎湖山自然保护区于 1998 年经原国家环保总局发文确认为 1956 年成立的国家级自然保护区，因此，鼎湖山自然保护区也常被认为是我国建立的第一个自然保护区）。在之后的 60 多年里，我国的自然保护区建设得到了蓬勃发展，同时，又相继建立了风景名胜区、森林公园、地质公园、湿地公园等不同类型的自然保护地。据统计，目前我国已建立了 10 余类自然保护地，主要包括：自然保护区、风景名胜区、森林公园、地质公园、湿地公园、海洋特别保护区（含海洋公园）、水利风景区、矿山公园、种质资源保护区、沙化土地封禁保护区、国家公园（试点）、沙漠公园（试点）等 [1]。自然保护地空间分布范围遍及陆域（包括内陆湖泊河流）与海洋不同生态系统和景观类型，保护面积也迅速扩大，成为我国生物多样性保护优先区域和生态保护红线范围内的主要组成部分，同时也成为我国生态安全格局的重要构架。

1.1　我国自然保护地建设现状概述

1.1.1　类型和数量

　　截至 2016 年年底，我国各类自然保护地总数达 11 411 处，国家级 3 921 处。各类

1　依照一些国际公约，在国内各种保护地的基础上设立了"人与生物圈自然保护区""国际重要湿地""世界地质公园""世界自然遗产"等具有自然保护性质的命名标签，但不属于真正保护地体系范畴。

陆域自然保护地总面积约占陆地国土面积的 18%，已超过世界 14% 的平均水平。其中自然保护区面积约占陆地国土面积的 14.8%，占所有自然保护地总面积的 80% 以上，风景名胜区和森林公园约占 3.8%，其他类型的自然保护地面积所占比例则相对较小。

表 1-1　我国各类自然保护地类型和数量统计

序号	自然保护地类型	数量 / 处	国家级 / 处
1	自然保护区	2 740	446
2	风景名胜区	962	244
3	森林公园	3 234	826
4	地质公园	241	241
5	湿地公园	979	705 [c]（含试点）
6	海洋特别保护区（含海洋公园）	56	56
7	水利风景区	2 500	719
8	矿山公园	72	72
9	种质资源保护区 [a]	487	487
10	沙化土地封禁保护区	61	61
11	国家公园（试点）[b]	24	9
12	沙漠公园（试点）	55	55 [d]（含试点）
	合计	11 411	3 921

注：部分数据来源《全国生态旅游发展规划（2016—2025 年）》；a 包括国家级水产种质资源保护区 464 处和国家级畜禽遗传资源保护区 23 处；b 包括国家发改委等 13 部委设立的 9 处国家公园体制试点，以及相关部委和云南省设立的试点；c 705 处国家湿地公园中，98 处为正式授予，其余为试点；d 55 处国家沙漠公园中，9 处为正式授予。

　　此外，我国还建立了 7 000 多处旅游景区（含 5A 景区 213 处），其中生态类型旅游景区具有较为重要的生态服务功能，也有明确的生态保护要求和相应的管理制度，在一定程度上也可视为自然保护地。近年来，各地相继建立诸如生态公园、城市公园、郊野公园等，是自然保护地的有益补充，为改善当地生态环境发挥了积极的作用，为公众提供了良好的休憩场所，但面积相对较小且分散。

　　从空间分布格局看，陆域中东部地区的自然保护地类型和数量多于西部，但保护地面积相对小于西部地区，地理区域差异明显，如图 1-1 所示。以自然保护区为例，截至 2010 年，在西藏、青海、新疆、内蒙古、甘肃、四川 6 个西部省（区）的自然保护区面积就占全国自然保护区总面积的 77%；从自然保护区面积占国土面积比例来看，2007 年年底，超过全国平均水平的有西藏 (34%)、青海 (30%)、甘肃 (24%)、四川（19%）4 个省区，自然保护区面积占国土面积在 5% 以下的有浙江、福建、河北等 6 个省份。

　　此外，我国陆域的自然保护地，无论是类型还是分布面积均多于海洋。

1.1.2　管理体制

　　我国各类自然保护地主要是按主管部门和不同生态要素分别建立，主管部门主要

图例

　■　国家级自然保护区
　·　国家森林公园分布点
　·　国家湿地公园分布点
　·　国家地质公园分布点
　·　国家级风景名胜区分布点

0　　500　　1 000 km

注：台湾地区资料暂缺

图 1-1　我国陆域主要自然保护地空间分布格局

包括环保、国土、农业、住建、林业、水利、海洋、中国科学院等。据相关资料显示，我国大部分国家级自然保护区建立了管理机构，隶属于各级地方人民政府，负责各项具体的管理工作，其他国家级自然保护地则很多没有独立管理机构。地方级自然保护地参照国家级进行建设和管理，但建立独立管理机构的很少。以自然保护区为例，在国家层面，自然保护区实行综合管理与分部门管理相结合的管理体制，由国务院环境保护行政主管部门负责全国自然保护区的综合管理，由林业、农业、国土、水利、海洋等有关行政主管部门根据职责管理有关的自然保护区。县级以上地方人民政府负责自然保护区管理的部门的设置和职责，由省、自治区、直辖市人民政府根据当地具体情况确定。再比如风景名胜区，风景名胜区所在地县级以上地方人民政府设置的风景名胜区管理机构，负责风景名胜区的保护、利用和统一管理工作。国务院建设主管部门负责全国风景名胜区的监督管理工作。国务院其他有关部门按照国务院规定的职责分工，负责风景名胜区的有关监督管理工作。省、自治区人民政府建设主管部门和直辖市人民政府风景名胜区主管部门，负责本行政区域内风景名胜区的监督管理工作。省、自治区、直辖市人民政府其他有关部门按照规定的职责分工，负责风景名胜区的有关监督管理工作。自然保护地所属管理部门如表 1-2 所示。

表 1-2　自然保护地的管理部门

自然保护地类型	管理部门
自然保护区	国务院环境保护行政主管部门负责全国自然保护区的综合管理。国务院林业、农业、地质矿产、水利、海洋等有关行政主管部门在各自的职责范围内,主管有关的自然保护区
风景名胜区	国务院建设主管部门负责全国风景名胜区的监督管理工作。国务院其他有关部门按照国务院规定的职责分工,负责风景名胜区的有关监督管理工作。省、自治区人民政府建设主管部门和直辖市人民政府风景名胜区主管部门,负责本行政区域内风景名胜区的监督管理工作。省、自治区、直辖市人民政府其他有关部门按照规定的职责分工,负责风景名胜区的有关监督管理工作
森林公园	国家林业局主管全国国家级森林公园的监督管理工作。县级以上地方人民政府林业主管部门主管本行政区域内国家级森林公园的监督管理工作
地质公园（地质遗迹保护区）	国务院地质矿产行政主管部门在国务院环境保护行政主管部门协助下,对全国地质遗迹保护实施监督管理。县级以上人民政府地质矿产行政主管部门在同级环境保护行政主管部门协助下,对本辖区内的地质遗迹保护实施监督管理
湿地公园	国家林业局依照国家有关规定组织实施建立国家湿地公园,并对其进行指导、监督和管理
海洋特别保护区	国家海洋局负责全国海洋特别保护区的监督管理
水利风景区	水利风景区管理机构（一般为水利工程管理单位或水资源管理单位）在水行政主管部门和流域管理机构统一领导下,负责水利风景区的建设、管理和保护工作
矿山公园	国务院地质矿产行政主管部门
种质资源保护区	农业部主管全国水产种质资源保护区工作。县级以上地方人民政府渔业行政主管部门负责辖区内水产种质资源保护区工作
沙化土地封禁保护区	国家林业局负责国家沙化土地封禁保护区的划定工作,并对其进行指导、监督和管理
国家公园（试点）	相关部委、省级人民政府
沙漠公园	国家林业局依照国家有关规定对国家沙漠公园进行指导、监督和管理

1.1.3　审批机关

在我国,按照现行的自然保护地建立审批程序要求,国家级自然保护区和国家级风景名胜区由国务院审批建立。森林公园、湿地公园、沙漠公园、沙化土地封禁保护区等由林业部门审批建立,地质公园、矿山公园等由国土部门审批建立,海洋特别保护区（含海洋公园）由海洋部门审批建立,水利风景区由水利部门审批建立,种质资源保护区由农业部门审批建立等;除了由国家发展改革委等 13 部门成立的建立国家公园体制试点领导小组负责的 9 个国家公园试点外,相关部门和地方政府也设立了试点。

表 1-3   自然保护地的审批机关

自然保护地	审批机关
国家级自然保护区	国务院
国家级风景名胜区	国务院
森林公园	林业行政主管部门
地质公园	国土行政主管部门
湿地公园	林业行政主管部门
海洋特别保护区（含海洋公园）	海洋行政主管部门
水利风景区	水利行政主管部门
矿山公园	国土行政主管部门
种质资源保护区	农业行政主管部门
沙化土地封禁保护区	林业行政主管部门
国家公园（试点）	相关部委、省级政府
沙漠公园	林业行政主管部门

1.1.4   管理依据

自然保护区和风景名胜区主要依据国务院专门行政法规《中华人民共和国自然保护区条例》和《中华人民共和国风景名胜区条例》来管理，其他类型自然保护地的管理依据则为部门规章或规范性文件（表 1-4）。例如，森林公园依据《森林公园管理办法》和《国家级森林公园管理办法》进行管理，湿地公园依据《国家湿地公园管理办法（试行）》进行管理，水利风景区依据《水利风景区管理办法》进行管理。

表 1-4   自然保护地的管理依据

自然保护地	管理依据
自然保护区	《中华人民共和国自然保护区条例》（1994 年国务院令第 167 号，2011 年国务院令第 588 号、2017 年国务院令第 687 号修改
风景名胜区	《中华人民共和国风景名胜区条例》（2006，国务院令第 474 号）
森林公园	《森林公园管理办法》（1993，原林业部令第 3 号）；《国家级森林公园管理办法》（2011，国家林业局令第 27 号）
地质公园	《地质遗迹保护管理规定》（1995，原地质矿产部令第 21 号）；《中国国家地质公园建设技术要求与工作指南》（国土资源部，2002-11）
湿地公园	《国家湿地公园管理办法（试行）》（林湿发〔2010〕1 号）
海洋特别保护区（含海洋公园）	《海洋特别保护区管理办法》（国海发〔2010〕21 号）
水利风景区	《水利风景区管理办法》（水综合〔2004〕143 号）
矿山公园	《关于申报国家矿山公园的通知》（国土资发〔2004〕256 号）
种质资源保护区	《水产种质资源保护区管理暂行办法》（农发〔2011〕1 号）；《畜禽遗传资源保种场保护区和基因库管理办法》（农发〔2006〕64 号）
沙化土地封禁保护区	《国家沙化土地封禁保护区管理办法》（林沙发〔2015〕66 号）

续表

自然保护地	管理依据
国家公园（试点）	《云南省国家公园管理条例》（2015，云南人大 36 号）；《三江源国家公园条例（试行）》（2017，青海人大 47 号）；其他为体制试点阶段，暂无管理依据
沙漠公园	《国家沙漠公园试点建设管理办法》（林沙发〔2013〕232 号）

1.2　我国不同类型自然保护地建设管理情况

1.2.1　自然保护区

（1）建立目的

按照《中华人民共和国自然保护区条例》，建设和管理自然保护区是为了保护自然环境和自然资源，对于有代表性的自然生态系统、珍稀濒危野生动植物物种的天然集中分布区、有特殊意义的自然遗迹等保护对象所在的陆地、陆地水体或者海域，依法划出一定面积予以特殊保护和管理。

（2）发展历程

自然保护区的发展主要经历了以下 4 个阶段：

1956—1979 年，缓慢停滞阶段：1956 年，中国科学院吴征镒、寿振黄在第一届全国人民代表大会第三次会议做了"请政府在全国各省（区）划定一些天然森林禁伐区，保存自然植被以供科学研究的需要"的 92 号提案。自此，我国开始建立科学的自然保护区，第一批为广东省鼎湖山自然保护区、海南岛尖峰岭自然保护区、云南省西双版纳自然保护区、福建省武夷山自然保护区、吉林省长白山自然保护区等 20 余处。但受特殊历史时期影响，1960—1970 年，我国自然保护区事业处于缓慢停滞阶段。该阶段，共建立 46 处自然保护区，其中国家级自然保护区 28 处，每年平均增加 2 个自然保护区。

1980—1996 年，稳步增长阶段：1978 年 12 月十一届三中全会召开，改革开放极大地促进了保护事业的发展。1979 年 5 月林业部、中国科学院等八个部委联合发出《关于加强自然保护区管理、区划和科学考察工作的通知》，自然保护区的科学普查工作全面展开。1992 年，国家环保局（现环境保护部）成立了第一届国家级自然保护区评审委员会。1994 年，国务院颁布了《中华人民共和国自然保护区条例》。国家一系列的关于生态保护事业的政策措施，促使我国自然保护区事业开始稳步增长。该阶段，共建立 835 处自然保护区，其中国家级自然保护区 246 处，平均每年约新建自然保护区 50 处。

1997—2010 年，迅速增长阶段：1997 年和 1998 年，中国发生严重的水灾和旱灾，严重的自然灾害和明显的生态恶化迹象，促进了自然保护区数量的增多。1997 年，国家环保局（现环境保护部）发布了《中国自然保护区发展规划纲要（1996—2010 年）》。1999 年，我国提出了西部大开发战略，极大地促进了西部地区自然保护区数量和面积的增加。2000 年，在西部地区成立或扩建了超过 5 000 km^2 的大型保护区，包括新疆罗布泊野骆驼自然保护区、青海三江源自然保护区等。该阶段,共建立自然保护区 1 765 处,其中国家级自然保护区 88 处,每年约新建自然保护区 98 处。

2011 年至今,平缓增长阶段:党的十八大对生态文明建设所做的系统论述和部署,为自然保护区工作提出了更高的要求。自然保护区工作按照生态文明建设的总体要求,全面落实《国务院办公厅关于做好自然保护区管理有关工作的通知》精神,我国自然保护区从数量规模型向质量效益型的转变,自然保护区的管理工作重点是解决自然保护区空间结构不尽合理、开发建设对自然保护区压力日益增加等问题。这段时期我国的自然保护区在数量上处于平缓增长阶段。

（3）管理依据

《中华人民共和国环境保护法》(1989 年颁布并实施,2014 年修订)的第二条、第二十九条、第三十条、第三十五条均涉及自然资源保护和自然保护区的问题。规定各级人民政府对具有代表性的各种类型的自然生态系统区域,珍稀、濒危的野生动植物自然分布区域,重要的水源涵养区域,具有重大科学文化价值的地质构造、著名溶洞和化石分布区、冰川、火山、温泉等自然遗迹,以及人文遗迹、古树名木,应当采取措施加以保护,严禁破坏。

《中华人民共和国自然保护区条例》(1994 年国务院令第 167 号颁布,2017 年修改)规定:凡在中华人民共和国领域和中华人民共和国管辖的其他海域内建设和管理的自然保护区,必须遵守该条例。

除此之外,还有《中华人民共和国野生动物保护法》(2016 年修订)、《中华人民共和国森林法》(1998 年修正)、《中华人民共和国草原法》(2013 年修订)、《中华人民共和国渔业法》(2013 年修正)、《中华人民共和国水土保持法》(2010 年修订)、《中华人民共和国野生植物保护条例》(1996 年)、《野生药材资源保护管理条例》(1987 年)等,也就相应的资源保护提出了划定自然保护区、划建禁伐区、禁猎区、禁渔区、野生药材资源保护区,以保护有价值的陆生或水生野生动植物资源及其生境。

（4）管理体制

1994 年,国务院颁布实施的《中华人民共和国自然保护区条例》,规定了我国自然保护区的建设管理方式和制度,确立了环保部门综合管理与林业、农业、国土、水利、海洋等行业管理相结合的管理体制。

根据全国自然保护区统计资料,目前我国建立并管理的自然保护区的部门有环保、林业、农业、国土、海洋、水利、住建等,一些科研院所、高等院校、国家直属大型森工企业以及部分省属农垦企业也建立并管理了一些自然保护区。在管理等级上又分为国家级、省级、市县级等,分别由国务院、所在省（市、自治区）和市（县）人民政府批准建立,不同级别的保护区管理经费纳入所在地方政府财政预算。

（5）发展现状

根据最新统计数据,截至目前,全国已建立 2 740 处自然保护区,总面积 147 万 km²。全国各级各类自然保护区专职管理人员总计 4.5 万人,其中专业技术人员 1.3 万人。国家级自然保护区均已建立相应管理机构,多数已建成管护站点等基础设施。

全国超过 90% 的陆地自然生态系统都建有代表性的自然保护区，89% 的国家重点保护野生动植物种类以及大多数重要自然遗迹在自然保护区内得到保护，部分珍稀濒危物种野外种群逐步恢复。一些旗舰种，如大熊猫（*Ailuropoda melanoleuca*）野外种群数量达到 1 800 多只，东北虎（*Panthera tigris altaica*）、东北豹（*Panthera pardus orientalis*）、亚洲象（*Elephas maximus*）、朱鹮（*Nipponia nippon*）等物种种群数量明显增加。

当前，我国的自然保护区已经走过了抢救性建立、数量和面积规模快速增长的阶段，进入系统性保护阶段。全国自然保护区已呈平缓发展态势，目前基本形成布局较为合理、类型较为齐全、功能较为完备的自然保护区网络。

根据我国现行的自然保护区分类标准《自然保护区类型与级别划分原则》（GB/T 14529—1993）：自然生态系统类自然保护区在数量和面积上均占主导地位，野生生物类次之，自然遗迹类所占比例最小。

表 1-5　全国自然保护区按类型分级统计

类型		数量 /处		面积 /hm²	
		全部	国家级	全部	国家级
自然生态系统	森林生态	1 423	205	31 728 067	15 224 657
	草原草甸	41	4	1 654 155	731 424
	荒漠生态	31	13	40 054 288	36 700 178
	内陆湿地	378	53	30 821 951	20 590 767
	海洋海岸	68	17	715 830	512 529
野生生物	野生动物	525	115	38 587 557	21 937 558
	野生植物	156	19	1 800 139	782 110
自然遗迹	地质遗迹	85	13	993 776	172 169
	古生物遗迹	33	7	549 557	168 393
合计		2 740	446	146 905 320	96 819 785

经过 60 多年的发展，我国的自然保护区事业取得了显著成效。但自然保护区建设与生态文明的要求还存在明显差距，主要表现在：自然保护区空间结构不尽合理；开发建设活动对自然保护区保护的压力日益增加；由于自然保护区涉及部门较多，在对其进行监督管理过程中难度较大等方面。图 1-2 为国家级自然保护区分布。

1.2.2　风景名胜区

风景名胜区是指具有观赏、文化或者科学价值，自然景观、人文景观比较集中，环境优美，可供人们游览或者进行科学、文化活动的区域。

（1）建立目的

风景名胜区设立的目的是保护珍贵的风景名胜资源，通过科学的开发建设，营造适宜的环境，供公众游览、休息或进行科学、文化活动，其自然景观和人文景观能够

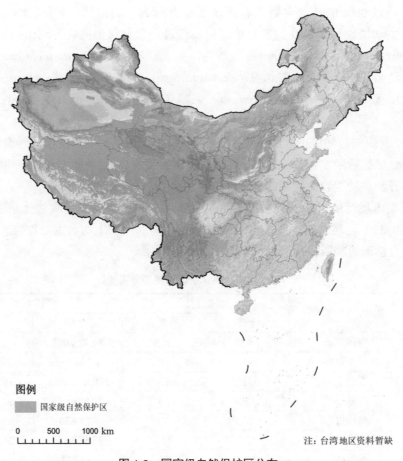

图例

▨ 国家级自然保护区

0   500   1000 km

注：台湾地区资料暂缺

图 1-2   国家级自然保护区分布

反映重要自然变化过程和重大历史文化发展过程，基本处于自然状态或者保持历史原貌，具有国家代表性。

（2）发展历程

我国风景名胜区事业的发展最早可以追溯到 1978 年。建设部门及一批专家学者从抢救珍贵风景名胜资源、继承和保护人类历史遗留给我们的自然与文化遗产认识的历史高度，提出了建立中国风景名胜区管理制度。1979 年，国家城建总局园林绿化局在杭州召开了全国风景名胜区座谈会，首次明确提出了我国自然与文化遗产资源管理的区划名称——风景名胜区。

1982 年，国家正式建立风景名胜区制度。国务院发布了《关于审定第一批国家重点风景名胜区的请示的通知》，审定批准了我国首批 44 个国家重点风景名胜区（2006年 12 月 1 日《风景名胜区条例》实施后，统一改称为"国家级风景名胜区"）。1988 年、1994 年、2002 年、2004 年、2005 年、2009 年、2012 年和 2017 年分别审定公布了第二至第九批风景名胜区。我国风景名胜区建设自 20 世纪 80 年代以来不断发展壮大，至今我国国家级风景名胜区共 244 处，已经形成了覆盖全国的风景名胜区体系（表 1-6）。

表 1-6　国家级风景名胜区

批次	审批年份	数量 / 处
第一批	1982	44
第二批	1988	40
第三批	1994	35
第四批	2002	32
第五批	2004	26
第六批	2005	10
第七批	2009	21
第八批	2012	17
第九批	2017	19
合计	244 处	

（3）管理依据

1985 年，国务院发布了《风景名胜区管理暂行条例》（国发〔1985〕76 号），确立了风景名胜区的法律地位。2006 年国务院颁布了《中华人民共和国风景名胜区条例》（国务院令第 474 号）。此后，云南省等地方政府相继又制定颁布了相关的风景名胜区管理办法，以加强地方政府对风景名胜区建设与管理。

（4）管理体制

国家采取综合管理和分级管理来管理保护风景名胜区。住建部门负责全国风景名胜区管理保护工作，地方各级政府住建部门负责辖区内的风景名胜区管理保护工作。

从制度设计和管理实施情况看，我国现行的风景名胜区管理体制是：属地管理与部门管理相结合，地方政府实行综合管理，部门管理仅限于行业指导。住建行政主管部门主要负责各级风景名胜区的设立申报、组织风景名胜区规划编制报批、风景名胜资源保护监督和指导风景名胜区行业持续健康发展。

目前，有的国家级风景名胜区是由上级政府成立了以风景名胜区及部分周边过渡地带为行政辖区的区（县级）人民政府，负责区内一切行政事务的管理；有的设立了管理委员会、管理处或管理局；有的尚未建立统一管理机构。

（5）发展现状

在党中央、国务院的高度重视和正确领导下，我国风景名胜区事业快速发展、成就显著，形成了类型多样、覆盖全国的风景名胜区体系。截至目前，国务院批准设立国家级风景名胜区 244 处，各省级人民政府批准设立省级风景名胜区 807 处，两者总面积约 21.4 万 km²，占我国陆地总面积的 2.23%（图 1-3）。这些风景名胜区的设立，为我国自然文化遗产保护和社会经济发展做出了突出贡献。

风景名胜区已成为我国世界遗产申报和保护管理的重要载体，为我国世界遗产事业发展提供重要的制度保障。我国现有 50 处世界遗产地，总量位居世界第二，是名副其实的遗产大国，世界遗产发展成就与我国风景名胜区事业发展密不可分。50 处世界遗产中，有 31 处位于风景名胜区之中；我国现有的 11 处世界自然遗产、4 处自然与文

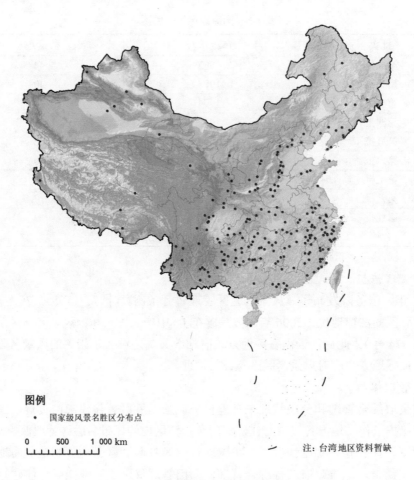

图例

· 国家级风景名胜区分布点

0　　500　　1 000 km

注：台湾地区资料暂缺

图 1-3　国家级风景名胜区分布

化双遗产主要为国家级风景名胜区。同时，具有中国特色的风景名胜区保护管理模式也极大地丰富了国际自然文化遗产保护的理论、实践和模式，为广大发展中国家正确处理遗产的保护、利用与传承的关系提供了有益借鉴，提升了我国在保护地管理和自然文化遗产保护领域的国际影响力。

目前，我国风景名胜区体系发展较快，虽然我国风景名胜区数量较多，类型各异，但其管理体制存在一定的共性问题。现行管理体制的主要矛盾集中在：管理部门把风景名胜区当作行政单位来管理，而较多地方政府以及风景名胜区管理机构把风景名胜区作为旅游资源来管理，从而导致在风景名胜区管理过程中出现诸多问题。

1.2.3　森林公园

森林公园是指森林景观优美，自然景观和人文景物集中，具有一定规模，可供人们游览、休息或进行科学、文化、教育活动的场所。森林公园是我国起步早、影响面宽的自然保护地品牌之一。历经自 1980 年至今的成长过程，逐渐形成了以国家级森林公园为骨干，国家、省和市（县）三级森林公园共同发展的格局，在加强森林资源保护、普及自然科学知识、促进林区经济发展等方面的作用不断加强，其重要性得到了各级政府及社会的肯定。

（1）建立目的

建立森林公园的目的是保护和合理利用森林风景资源，发展森林旅游，侧重其游憩、保护、科研与教育功能。

（2）发展历程

新中国成立后，森林公园发展进入萌芽阶段。党的十一届三中全会以来，中国森林公园开始真正起步，历经了试点起步、快速规范发展、质量提升 3 个发展阶段。

1980—1990 年，试点起步阶段：森林公园以 1980 年《关于风景名胜区国营林场保护山林和开展旅游事业的通知》（林国字〔12〕号）为开端。1982 年，经原国家计委批准，我国正式建立了第一个森林公园——湖南张家界国家森林公园。试点起步阶段，国家森林公园的数量相对较少发展较慢，同时在法制建设、组织设置、人员培训等方面仍存在一定问题。截至 1990 年年底，全国森林公园总数为 27 处，其中国家级森林公园 16 处。

1991—1999 年，快速规范发展阶段：1993 年，原林业部发布了《森林公园管理办法》（原林业部令第 3 号），标志着森林公园进入了标准化法制化的阶段。该阶段，全国共建立 275 处国家森林公园。

2000 年至今，质量提升阶段：2001 年，国家林业局在全国森林公园会议上正式提出将森林旅游发展成为全国优势产业，森林公园的建设重心便从资源保护转移到旅游开发上。该阶段森林公园进入迅速发展阶段。

（3）管理依据

《森林公园管理办法》规定，森林公园分为国家级、省级、市（县）级三级，主要依据森林风景的资源品质、区位条件、基础服务设施条件以及知名度等来划分。国家级森林公园由林业部（现国家林业局）审批，省级和市（县）级森林公园相应由省或市（县）级林业主管部门审批。2005 年，国家林业局印发了《国家级森林公园设立、撤销、合并、改变经营范围或者变更隶属关系审批管理办法》，明确了森林公园的撤销、合并或变更经营范围，必须经原审批单位批准。2011 年，国家林业局又发布了《国家级森林公园管理办法》（国家林业局令第 27 号）。

（4）管理体制

国务院办公厅关于印发《国家林业局主要职责内设机构和人员编制规定》的通知（国办发〔2008〕93 号）中明确指出：国家林业局指导国有林场（苗圃）、森林公园和基层林业工作机构的建设和管理；承担森林和陆生野生动物类型自然保护区、森林公园的有关管理工作。根据《国家级森林公园管理办法》规定，国家林业局主管全国森林公园工作，县级以上地方人民政府林业主管部门主管本行政区域内的森林公园工作。其中，国家级森林公园由国家林业局批准建立，并由其全面负责国家级森林公园的监督管理工作。地方级由地方人民政府林业部门主管。

（5）发展现状

截至 2015 年年底，全国共建立森林公园 3 234 处，规划总面积 1 801.71 万 hm²。其中，国家级森林公园 826 处、国家级森林旅游区 1 处，面积 1 251.06 万 hm²；省级森林公园 1 402 处，县（市）级森林公园 1 005 处（图 1-4）。

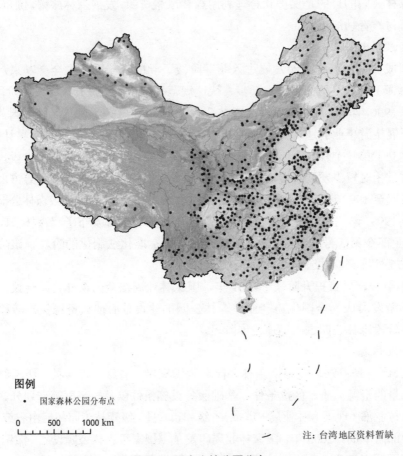

图例

  · 国家森林公园分布点

0   500   1000 km

注：台湾地区资料暂缺

图 1-4　国家森林公园分布

森林公园作为蕴藏森林景观价值和内在价值的主要载体，在开发建设上面已经取得较大进步，对于发展森林旅游也起到很大的作用。我国森林公园发展经历了高速、平稳和快速增长等阶段，近年来，我国森林公园在不同时间和不同区域，其旅游价值迅速提升。森林公园的发展极大地拉动了当地相关产业的发展。同时森林公园也凸显出一些问题，如森林公园的管理体系还不完善、开发利用不尽合理以及资金投入渠道有限等。

1.2.4　地质公园

参照联合国教科文组织地学部 2002 年 4 月颁布的《世界地质公园网络工作指南》，

地质公园是指一个有明确的边界线并且表面面积足够大的使其可为当地经济发展服务的地区。它是由一系列具有特殊科学意义、稀有性和美学价值的，能够代表某一地区的地质历史、地质事件和地质作用的地质遗迹（不论其规模大小）或者拼合成一体的多个地质遗迹所组成，它也许不只具有地质意义，还可能具有考古、生态学、历史或文化价值。

我国关于地质公园的正式界定是由国土资源部做出的。国土资源部 2000 年 77 号文件对地质公园定义为：地质公园是以具有特殊的科学意义、稀有的自然属性、优雅的美学观赏价值，具有一定规模和分布范围的地质遗迹景观为主体，融合其他自然景观与人文景观并具有生态、历史和文化价值，以地质遗迹保护，支持当地经济、文化和环境的可持续发展为宗旨，为人们提供具有较高科学品位的观光旅游、度假休闲、保健疗养、科学教育、文化娱乐的场所。

（1）建立目的

建立地质公园的目的是以具有特殊的科学意义、稀有的自然属性、优雅的美学观赏价值，具有一定规模和分布范围的地质遗迹景观为主体；融合自然景观和人文景观并具有生态、历史和文化价值；以地质遗迹保护、支持当地经济、文化和环境的可持续发展为宗旨；为人民提供具有较高科学品位的观光游览、度假休息、保健疗养、科学教育、文化娱乐的场所。同时是地质遗迹景观和生态环境的重要保护区、地质科学研究与普及的基地。概括地说，建立地质公园的主要目的有 3 个：更好地保护地质遗迹，为科学研究和普及科学知识提供场所；促进地方经济发展；推动文化和环境的可持续发展。

（2）地质公园的类型

目前地质公园的类型并没有统一的分类方法，以不同的标准分类，就可以分出不同的地质公园类型。

1）按等级划分，根据批准政府机构的级别可分为世界地质公园、国家地质公园、省级地质公园、县（市）级地质公园 4 个等级。其中，世界地质公园必须由联合国教科文组织批准和颁发证书。

2）按地质公园占地面积可分为特大型（1 000 km² 以上）、大型（500 ～ 1 000 km²）、中型（100 ～ 500 km²）、小型（小于 100 km²）地质公园。

3）按地质公园性质可划分为地质地貌型、古生物化石、地质灾害、典型地质构造地质、典型地层剖面地质、水文地质遗址等。另外，还有典型矿物、岩石、矿山、采矿遗址及宝玉石地质公园。

（3）发展历程

在地球演化的漫长地质历史时期，由于内外应力的综合作用，形成了众多不可再生的地质遗产。它们是具有重大观赏价值和重要科学研究价值的地质地貌景观、有重要科考价值的古人类遗址、古生物化石遗址、典型的地质灾害遗迹等。为了对这些地质遗产进行保护和合理开发，1991 年 6 月，在法国蒂耶的"第一届国际地质遗产保护学术会议"上，来自 30 多个国家的 100 多位代表共同签发了《国际地球记录保护宣言》。作为对该"宣言"的响应，1999 年 2 月，联合国教科文组织正式提出了"创建具有独特地质特征的地质遗迹全球网络，将重要地质环境作为各地区可持续发展战略不可分割的一部分予以保护"的地质公园计划。1997 年 11 月联合国教科文组织通过了"创建独特地质特征的地质遗迹全球网络"的决议。1999 年 3 月正式通过了"世界地质公园计划"（UNESCO Geopark Programme）的议程，并提出筹建"全球地质公园网"的倡议。目前，联合国教科文组织世界地质公园网络（GGN）共有 120 个成员，分布在全球 33 个国家和地区。

中国从地质遗迹保护到地质公园建立，一直积极与联合国教科文组织、国际地质科学联合会合作，在国际上为推动地质公园做出贡献，走在世界前列。截至 2016 年年底，我国已建成 35 处世界地质公园，约占联合国教科文组织世界地质公园网络名录的 1/4，远远高于排在第二位的国家所拥有的数量。

在 1984 年之前，我国该项工作只是作为其他类型自然保护区的部分保护内容。1985 年，中国地质学家提出在地质意义重要、地质景观优美的地区建立地质公园以加强保护和开展科学研究、科学考察。1987 年 7 月原地质矿产部发布了《关于建立地质自然保护区规定（试行）通知》（地发〔1987〕311 号），把保护地质遗迹首次以部门法规的形式提出。1995 年 5 月原地质矿产部又颁布了《地质遗迹保护管理规定》，则将建立地质公园作为地质遗迹保护的一种方式写入部门法规之中。

自 1985 年建立第一个国家级地质自然保护区——"中晚元古界地层剖面"（天津蓟县）后，地质遗迹保护区的建立得到较快的发展。1999 年 12 月，国土资源部在山东威海召开的"全国地质地貌保护会议"上进一步提出了建立地质公园的工作。2000 年年初，国土资源部根据国际上日益强烈的保护国际地质遗产并把保护地质遗迹同发展地方经济相结合的倡议，制定了《全国地质遗迹保护规划（2001—2010 年）》和《国家地质公园总体规划工作指南》。自 2000 年以来，我国各省、自治区、直辖市积极申报国家地质公园。

（4）建设管理依据

1995 年原地质矿产部发布的《地质遗迹保护管理规定》，是我国首部以地质遗迹资源为调整对象的专门法规，该法规实现了我国关于地质遗迹资源立法的重大突破，不仅是我国第一部关于地质遗迹的专门法规，并首次以法律形式确定了地质遗迹的概念和内容，并提出了建设地质遗迹保护区三级分类及其管理的制度。由于人们对地质遗迹资源重要性认识的不断提高，并为了适应目前保护环境资源的需要，各省（区、市）近年来也都加强了地质遗迹资源的保护立法工作。

2002 年国土资源部发布《中国国家地质公园建设技术要求和工作指南》，该指南共分 4 篇，包括国家地质公园的基本概念、国家地质公园建设指南、地球科学基础知识介绍和地质作用与地质遗迹基础知识。

为了加强国家地质公园建设，有效保护地质遗迹资源，促进地质公园与地方经济的协调发展，国土资源部于 2010 年发布了《国家地质公园规划编制技术要求》。要求各省（区、市）国土资源行政主管部门要加强对规划编制工作的指导，协助地质公园所在地人民政府做好规划的发布实施，并依据批准的规划进行地质公园建设工作的监督检查和评估验收。

（5）管理体制

地质公园是在国土资源部的统一管理与协调、监督下，实行多部门的协调管理。建设和主管地质公园的国家职能部门有国土资源部系统、环保部系统、林业局系统、文物保护系统、住建系统、中国科学院系统以及各级地方政府等。

为了加强地质公园管理，规范国家地质公园的申报和审批，2009 年 5 月，国土资源部办公厅印发了《关于加强国家地质公园申报审批工作的通知》（国土资厅发〔2009〕50 号），对国家地质公园实行资格授予和批准命名分开审核的申报审批方式。

（6）发展现状

截至 2017 年 6 月，国土资源部已陆续批准命名国家地质公园 204 处（图 1-5）。地质公园的建立已产生了很好的社会影响，社会各界都清楚地认识到，地质公园的建设不仅可以保护地质遗迹，优化地质环境，推进科学普及，提高旅游科学知识含量，同时有益于地方经济发展。但我国的地质公园大多是自然保护区或风景名胜区的一部分，住建、林业、海洋、国土、环保、文化、文物、旅游等部门对其行使管理权。具体到特定的地质公园，可能还涉及不同行政区域之间的利益。因此，在地质公园的建设和管理过程中也存在诸多困难和问题。

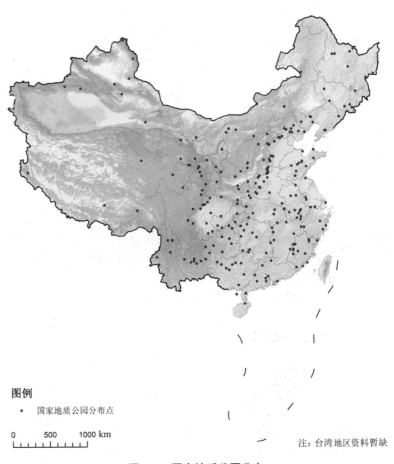

图例

• 国家地质公园分布点

0　500　1000 km

注：台湾地区资料暂缺

图 1-5　国家地质公园分布

国家地质公园需要国土资源部根据相关条件审查后方可挂牌，2014 年国土资源部发布《关于国家地质公园和国家矿山公园有关事项的公告》表示暂不受理"国家地质公园规划"审查，受理时间将根据工作安排适时公布；此外，第六批国家地质公园资格的验收命名时间后延 3 个月。

1.2.5　湿地公园

湿地公园是指以保护湿地生态系统、合理利用湿地资源为目的,可供开展湿地保护、恢复、宣传、教育、科研、监测、生态旅游等活动的特定区域。

（1）建立目的

建立湿地公园的目的是保护湿地,维持湿地生态系统的基本功能,发挥湿地在改善生态环境、美化环境、科学研究和科普教育等价值,有效地控制对湿地的不合理利用等现象,保障湿地资源的可持续利用,最终实现人与湿地的和谐。湿地公园在合理开发利用的前提下,强调更多的是保护。

（2）发展历程

1992年,我国加入《湿地公约》以后,湿地保护管理工作开始启动。进入21世纪以来,整个湿地工作得到全面加强,中央领导同志多次就湿地工作做出重要指示,国务院办公厅专门就加强湿地工作发出通知。

2004年,国务院办公厅《关于加强湿地保护管理的通知》（国办发〔2004〕50号）规定"对不具备条件划建自然保护区的,也要因地制宜,采取建立湿地保护小区、各种类型湿地公园、湿地多用途管理区或划定野生动植物栖息地等多种形式加强保护管理"。

2005年,林业局建立了第一个国家湿地公园——浙江杭州西溪国家湿地公园。近几年来,国家湿地公园得到了快速发展,对位于不同地理分区、面临不同问题和威胁的湿地开展了全方位示范。国务院批准了全国湿地保护长期规划和分阶段实施规划,国务院17个部门共同颁布了《中国湿地保护行动计划》。按照国家战略部署,着力加强湿地资源保护管理,各项工作有序开展。

目前,我国湿地公园建设处于发展阶段,由于湿地公园,尤其是城市湿地公园既有湿地的生态功能又具备风景园林的景观效果,还能带来适当的经济效益,政府和老百姓都有很高的积极性,湿地的保护与恢复和可持续发展并行。

（3）管理依据

为了加强湿地公园管理,保护和合理利用湿地,促进湿地生态旅游业的发展,根据《国务院办公厅关于印发国家林业局主要职责和人员编制规定的通知》（国办发〔2008〕93号）,国家林业局出台了《国家湿地公园管理办法（试行）》（林湿发〔2010〕1号）。

（4）管理体制

国家林业主管部门负责全国湿地公园的业务指导和监督管理工作。根据国务院"三定"规定"国家林业局负责组织、协调全国湿地保护和有关国际公约工作",湿地保护包括湿地公园的建设和管理是林业部门的一项重要职责。因此,凡是在中华人民共和国境内申报建设湿地公园应报林业主管部门审批。湿地公园分为国家级湿地公园和省级湿地公园,国家级湿地公园由国家林业局批准建立,省级湿地公园由各省级林业主管部门依法批准设立。各级林业主管部门依法对辖区内湿地公园进行监督管理。

（5）发展现状

截至2016年8月,全国共有湿地公园979处,其中国家级705处（其中,98处为正式,其余为试点)。初步构建了全国湿地公园体系,使约 50% 的自然湿地得到较为有效的保护,保护体系在维护湿地生态系统健康方面发挥了重要作用(图 1-6)。

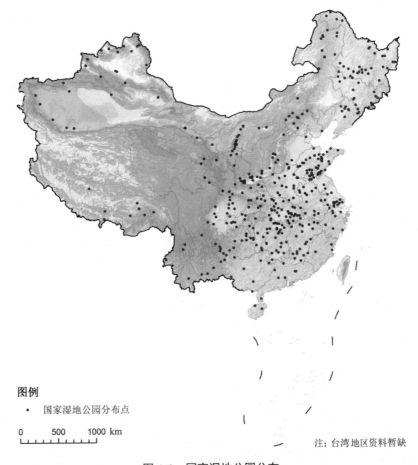

图例

• 国家湿地公园分布点

0   500   1000 km

注:台湾地区资料暂缺

图 1-6 国家湿地公园分布

国家湿地公园得到了快速发展,对位于不同地理分区、面临不同问题和威胁的湿地开展了全方位示范。现在,湿地公园既是我国湿地保护管理体系的重要组成部分,也是人们体验湿地生态功能、享受湿地休闲环境、开展湿地科普宣教的重要场所,更为当地群众增加就业、脱贫致富开辟了新的途径。同时,湿地公园还是许多地方开展生态建设和环境保护的亮丽名片。

1.2.6 海洋特别保护区(含海洋公园)

(1)建立目的

建立海洋特别保护区的目的是为满足海洋生态客观规律和社会经济可持续发展的需要,建立可操作性强的、以生态为基础的新型海洋生态保护模式,以丰富和完善我国海洋生态保护手段和措施,有效落实"在保护中开发,在开发中保护"的目标,保护海洋生态。海洋特别保护区是指具有特殊地理条件、生态系统、生物与非生物资源及海洋开发利用特殊需求,需要采取有效的保护措施和科学的开发方式进行特殊管理的区域。海洋公园是海洋特别保护区体系的一种类型,是指为保护海洋生态与历史文化价值,发挥其生态旅游功能的特殊海洋生态景观、独特地质地貌景观及其周边海域。建立海洋公园的目的是促进人与海洋自然生态环境的和谐发展。

（2）发展历程

海洋特别保护区的建设工作始于 2002 年。2002 年 5 月,福建省宁德市人民政府批准建立了中国第一个地方级海洋特别保护区——福建宁德海洋生态特别保护区。2004年 5 月,国家海洋局批准建立了首个国家级海洋特别保护区——浙江乐清市西门岛海洋特别保护区,标志着我国海洋特别保护区建设和管理进入一个新的时期。

为落实党的十七大提出的"建设生态文明"战略方针,推进海洋生态文明建设,加大海洋生态保护力度,促进海洋生态环境保护与资源可持续利用。2010 年,国家海洋局修订了《海洋特别保护区管理办法》,将海洋公园纳入海洋特别保护区的体系中。国家海洋公园的建立,促进了海洋生态保护的同时,促进了滨海旅游业的发展,丰富了海洋生态文明建设的内容。

（3）管理依据

2005 年,国家海洋局出台了《海洋特别保护区管理暂行办法》(国海发〔2005〕24 号),以专项规章规范海洋特别保护区建设管理的相关工作。之后,不断对该办法补充完善。2006 年下发了《关于进一步落实海洋保护区有关工作的通知》(国海环字〔2006〕349 号),积极推进海洋特别保护区的建设和管理工作。

为进一步规范海洋特别保护区的选划建设,切实履行海洋行政主管部门"监督管理海洋自然保护区和海洋特别保护区"的职责,促进海洋资源环境的可持续利用,2010 年,国家海洋局印发了《海洋特别保护区管理办法》《国家级海洋特别保护区评审委员会工作规则》和《国家级海洋公园评审标准》(国海发〔2010〕21 号)。

（4）管理体制

国务院海洋行政主管部门负责全国海洋特别保护区的监督管理。沿海地方人民政府海洋行政主管部门具体负责本行政区毗邻海域内海洋特别保护区的建设与管理。国务院海洋行政主管部门依据《全国海洋功能区划》,会同相关的行业主管部门,编制全国海洋特别保护区的发展规划,指导沿海地方海洋特别保护区的建设。沿海省级人民政府海洋行政主管部门应当根据全国海洋特别保护区的发展规划以及所在地区的海洋功能区划和海洋环境保护规划,制定本地区海洋特别保护区发展规划,经同级人民政府批准后实施。

（5）发展现状

全国共建立海洋特别保护区和海洋公园 56 处。我国已经初步形成了海洋保护体系,海洋特别保护区以生态系统管理和资源可持续利用为基础,进行综合调查和科学规划,既有效保护海洋生态环境及海洋利益,又促进海洋资源可持续发展。海洋特别保护区突出海洋生态系统保护,修复和整治已遭破坏的海洋生态系统,同时发挥海洋生态系统的资源养护、环境整治、海岸带防护等各类功能。尤其注重海洋资源的可持续性开发利用，针对区域范围内自然条件、资源状况、开发现状、海洋经济发展需求等不同情况，采取相应监管措施，努力实现海洋资源有度、有序的可持续开发利用。

1.2.7　其他类型保护地

（1）水利风景区

水利风景区是以培育生态，优化环境，保护资源，实现人与自然的和谐相处为目标，强调社会效益、环境效益和经济效益的有机统一。国家水利风景区是指以水域（水体）或水利工程为依托，按照水利风景资源即水域（水体）及相关联的岸地、岛屿、林草、建筑等能对人产生吸引力的自然景观和人文景观的观赏、文化、科学价值和水资源生态环境保护质量及景区利用、管理条件分级，经水利部水利风景区评审委员会评定，由水利部公布的可以开展观光、娱乐、休闲、度假或科学、文化、教育活动的区域。

国家水利风景区始建于 2000 年，最初名称为国家水利旅游区，为科学合理地开发和保护水利风景资源，加强水利景观资源的管理，水利部于 2001 年 7 月成立了水利风景区评审委员会，开始对水利风景区进行评审。2001 年公布了第一批 18 家国家水利风景区名单。2002 年，有研究提出在水利工程建设中要重视景观设计，并在水利风景区坚持旅游开发、环境保护和生态建设并重的原则。与此同时，全国出现了一批水利风景区，规模不断扩大。

为科学、合理地利用水利风景资源，保护水资源和生态环境，加强对水利风景区的建设、管理和保护，根据《中华人民共和国水法》《中华人民共和国水土保持法》《中华人民共和国防洪法》《中华人民共和国水污染防治法》和《中华人民共和国环境保护法》等有关法律法规，水利部于 2004 年制定了《水利风景区管理办法》（水综合〔2004〕143 号），是水利风景区管理的规范性文件。

水利风景区由水利部负责审批和监管。县级以上人民政府水行政主管部门和流域管理机构应当认真负责，加强对水利风景区的监督管理。水利风景区的管理机构（一般为水利工程管理单位或水资源管理单位）在水行政主管部门和流域管理机构统一领导下，负责水利风景区的建设、管理和保护工作。国家级水利风景区规划由有关市、县人民政府组织编制，经省、自治区、直辖市水行政主管部门或流域管理机构审核，报水利部审定；省级水利风景区规划由有关市、县人民政府组织编制，报省、自治区、直辖市水行政主管部门审定。

目前，我国水利风景区按其景观的功能、环境质量、功能大小、文化和科学文化价值等因素，划分为三级：国家级、省级和县级水利风景区。我国主要的水利工程类型以水库防洪、蓄水等工程为主，所以在我国水利风景区中大多是水库型水利风景区。如在国家级水利风景区中，水库型水利风景区约占 58% 以上。总体上，我国各种类型水利风景区的分布具有一定的地域性。水土保持型水利风景区多分布在中西部地区；灌区型水利风景区多分布在东部地区；湿地型水利风景区多分布在东部地区。目前水利部已批准设立水利风景区 2 500 处，其中包括国家水利风景区 719 处，形成了涵盖全国主要江河湖库、重点灌区、水土流失治理区的水利风景区群落。

（2）矿山公园

矿山公园由国土资源部负责审批与监管，管理依据主要是《中国国家矿山公园建设指南》。建立矿山公园的目的是以展示人类矿业遗迹景观为主体，体现矿业发展历史内涵，具备研究价值和教育功能，可供人们游览观赏、进行科学考察与科学知识普及的特定的空间地域。

自 2005 年以来，国家矿山公园分三批建设（第一批 28 处，第二批 33 处，第三批 11 处）。截至 2016 年，我国共建立国家矿山公园 72 处，矿山公园设置国家级矿山公园和省级矿山公园，其中国家矿山公园由国土资源部审定并公布。2014 年，国土资源部发布了《关于国家地质公园和国家矿山公园有关事项的公告》，表示申报暂停，申报时间将根据工作安排适时公布。

（3）种质资源保护区

我国种质资源保护区主要包括水产种质资源保护区和畜牧遗传资源保护区。其中水产种质资源保护区是指为保护水产种质资源及其生存环境，在具有较高经济价值和遗传育种价值的水产种质资源的主要生长繁育区域，依法划定并予以特殊保护和管理的区域、滩涂及其毗邻的岛礁、陆域；畜牧遗传资源保护区是指国家为保护特定畜禽遗传资源，即畜禽及其卵子（蛋）、胚胎、精液、基因物质等遗传材料，在其原产地中心产区划定的特定区域。

水产种质资源保护区始建于 2007 年，截至 2016 年，共建立 464 处；畜牧遗传资源保护区始建于 2008 年，截至 2016 年年底，共建立 23 处。农业部依据《水产种质资源保护区管理暂行办法》（农发〔2011〕1 号）和《畜禽遗传资源保种场保护区和基因库管理办法》（农发〔2006〕64 号）负责审批和监管。

（4）沙化土地封禁保护区

沙化土地封禁保护区是指在风沙活动频繁、生态区位重要、应当治理但现阶段不具备治理条件或因保护生态需要不宜开发利用的具有一定规模的连片沙化土地分布区，为了杜绝各种人为因素的干扰、维护地表原始状态、促进生态自然修复、缓解风沙危害、改善区域生态状况而依法划定并设立的封闭式禁止开发利用的地域。

沙化土地封禁保护区是依据《防沙治沙法》（2001 年，中华人民共和国主席令第 55 号）而设定的，其范围由全国防沙治沙规划以及省、自治区、直辖市防沙治沙规划确定。

（5）沙漠公园（试点）

沙漠公园是以沙漠景观为主体，以保护荒漠生态系统为目的，在促进防沙治沙和保护生态功能的基础上，合理利用沙区资源，开展公众游憩、旅游休闲和进行科学、文化、宣传和教育活动的特定区域。

2016 年已建立沙漠公园 55 处。国家林业局依据《国家沙漠公园试点建设管理办法》（林沙发〔2013〕232 号），负责沙漠公园的审批和监管。

第 2 章
我国自然保护地建设与管理存在的
问题及原因分析

2.1 我国自然保护地建设与管理存在的问题

作为保护生态环境和自然资源的重要区域,我国已建立了自然保护区、风景名胜区、森林公园、湿地公园等各种类型、功能不同的自然保护地体系(见本书第 1 章 "中国自然保护地建设与管理现状")。这些自然保护地的建立,不仅是我国区域生态安全的重要屏障,也是开展相关科研、教育和游憩活动,建设区域生态文明的良好载体。目前,我国已建立的各类自然保护地为保护生物多样性、自然景观及自然遗迹,维护国家和区域生态安全,保障我国经济社会可持续发展发挥着重要的作用,但其建设和管理仍然存在一些突出问题,主要表现在以下几个方面。

2.1.1 自然保护地体系不清,管理部门间缺乏有机联系

我国已建立的自然保护地有 12 类之多,已超过 10 000 个,而且还在继续增加。不同类型的自然保护地分别由不同的行政管理部门建立。例如,自然保护区由环保部、林业局、农业部、国土资源部、海洋局、住房与城乡建设部、中国科学院等部门建设并管理,一些科研院所、高等院校、国家直属大型森工企业以及部分省属农垦企业也建立并管理了一些自然保护区。风景名胜区由住房和城乡建设部负责建设并管理。森林公园、湿地公园等由林业局建设并管理。地质公园、矿山公园等由国土资源部建设并管理。水利风景区等由水利部建设并管理。

这些自然保护地的建设与管理彼此之间缺乏有机联系,没有形成科学、完整的自然保护地体系。例如,自然保护区分散在环保部、林业局、海洋局等不同的行政管埋部门,在科学研究指导、专业人员配置以及管理经费投入等方面,都无法得到充分的体制保障,尤其是经费投入,各部门分管的自然保护区差别很大,造成我国自然保护区管理上存

在较大的差别和挑战。

2.1.2 各类型自然保护地边界交叉重叠，缺乏管理协调机制

由于不同类型的自然保护地由不同部门建设并管理，造成同一区域建立多个不同类型的自然保护地，空间交叉重叠的现象较为严重，没有形成科学、完整的自然保护地体系。景观价值和生态价值越高的区域，重复建立的自然保护地类型与数量也越多。

根据相关研究资料整理分析发现，据不完全统计，在我国国家级自然保护区、国家风景名胜区、国家森林公园、国家地质公园和国家湿地公园5类自然保护地，彼此交叉或重叠情况就有200多处，如江西省的庐山和湖北省的神农架在同一块区域上同时建立了5种类型的国家级自然保护地，长白山、苍山洱海、武夷山、五大连池和张家界地区建立了4种类型的自然保护地。交叉重叠不仅引起了管理权属争议，还造成机构重置、重复建设、重复投资，增加了管理成本，浪费了行政资源（图2-1）。

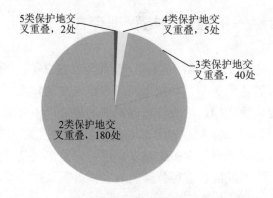

5类保护地交叉重叠，2处　　4类保护地交叉重叠，5处

3类保护地交叉重叠，40处

2类保护地交叉重叠，180处

图2-1　我国部分自然保护地交叉重叠示意

注：图2-1仅为国家级自然保护区、风景名胜区、森林公园、地质公园和湿地公园彼此交叉重叠情况。

2.1.3 不同主管部门和行政区划造成生态系统完整性被割裂

森林、草原、湿地、荒漠、海洋、野生动植物具有物质资源和生态功能的双重属性。过去，我们更重视自然资源的物质属性和经济价值，而忽略了其生态价值，且按资源开发和物质生产进行部门设置，不同资源由不同部门管理。各资源管理部门或根据不同资源类型（如云南高黎贡山，高海拔区域是高黎贡山国家级自然保护区，由林业部门管理；西坡中海拔区域是腾冲火山国家地质公园，由国土资源部门建立与管理），或按行政区边界（如福建和江西两省在武夷山共建立了9个国家级自然保护区）设计并建立不同的自然保护地。但生态系统是一个有机整体，各要素相互关联、相互作用才能充分发挥功能。条块式的设立和管理，人为割裂了区域生态系统的完整性，使得生态服务功能无法得到有效发挥。

2.1.4　管理混乱，权责不清的多"管"齐下和一岗多"责"

我国自然保护地体系的交叉重叠和条块管理现象，造成了同一区域多"管"齐下——"多套人马多块牌子"，如云南的苍山洱海既成立了苍山洱海国家级自然保护区管理局，又相继成立了洱源西湖国家湿地公园、大理国家风景名胜区、苍山国家地质公园管理局，或一岗多"责"——"一套人马多块牌子"，如灵宝山国家森林公园和无量山国家级自然保护区实则是一个管理机构却挂着两个牌子。不同"牌子"的保护目标、保护强度、管理制度、标准规范不同。多"管"齐下导致不同管理机构各自为政、管理分割、重复执法，严重影响了管理效率和保护成效。一岗多"责"导致管理机构在具体管理过程中无所适从，不知按哪块牌子的要求来管理。一旦保护与开发产生矛盾，地方常常选择有利于自己的方式进行管理，往往是保护为开发让步，极易形成事实上的管理缺失，不利有效保护。

另外，有些自然保护地在建设初期，出于"多划多得"的目的，希望多争取国家支持，造成重批建轻管护，或批而不建、建而不管、管而不力的现象比较严重。一些部门在自然保护地设立和管理方面，有利益、出成绩的事情，积极争取甚至竞相争夺，对于责任大、风险高的事情，尽力回避甚至扯皮推诿。权利和责任脱节，造成对破坏自然生态环境的行为和负责人难以追究责任，大大影响了执法的权威性和管护的有效性。

2.1.5　保护与开发利用的矛盾日益突出

自然保护地社会公益属性和公共管理属性定位不明确，过度强调经济利益，损害了生态保护和公共服务功能。由于实行属地管理，人事任免由地方负责，当保护与开发产生矛盾时，迫于地方压力，保护往往让位于开发。如有的保护区因工程建设而申请功能区调整或边界范围调整，甚至达到数次之多，让保护区为工程建设让路，将即将发生的违法违规建设合法化。更有甚者，有的工程建设或资源开发未批先建，或者偷偷进行"地下"作业。专栏 2-1 为自然保护地管理部门近年来监督执法力度。

专栏 2-1　自然保护地管理部门近年来监督执法力度

2015 年 12 月，住房和城乡建设部结束了为期 4 年的国家级风景名胜区执法检查工作，先后责令 89 处存在违法违规问题的国家级风景名胜区进行整改，并决定将吉林仙景台等 11 家国家级风景名胜区列入"濒危名单"。

2015 年 4 月开始，国家林业局组织开展了全国林业国家级自然保护区专项监督检查"绿剑行动"。从总体情况来看，一些自然保护区仍然存在违法采沙、采矿、过度放牧、违规水电开发和旅游开发等破坏自然保护区资源的现象。2016 年 2 月国家林业局将本次"绿剑行动"中查出具有突出问题的甘肃祁连山、宁夏贺兰山等 30 处国家级自然保护区列入重点督办名单，限期整改。

　　2016年1月，环境保护部就5个国家级自然保护区的生态环境问题，约谈了保护区所在地方级人民政府、保护区省级行业主管部门以及5个国家级保护区管理机构的主要负责人，督促其全面落实《环境保护法》《自然保护区条例》及相关规定，坚决制止破坏自然保护区生态环境的各种违法违规行为。

　　2016年上半年，环保部对全国所有446个国家级自然保护区组织开展了2013—2015年人类活动遥感监测。遥感监测发现，2015年，446个国家级自然保护区均存在不同程度的人类活动，共156 061处，总面积28 546km²，占国家级自然保护区总面积的2.95%。同时，监测还发现，2013—2015年，共有297个国家级自然保护区新增（包括范围扩大）人类活动3 780处。特别是核心区和缓冲区新增活动1 466处。遥感监测发现的这些人类活动，已对自然保护区的生态环境造成影响。环保部同时透露，2016年第二批中央环保督察将把环保部遥感监测和核查结果作为重要工作线索或依据。

　　另外，自然保护地实行属地管理，各地因经济发展不同，一些自然保护地缺乏足额有效的资金投入，造成必须通过经营收入补贴保护和管理经费。在这种情况下，自然保护地管理机构既是管理者又是经营者，为了自身生存或经济利益，常常将工作重点放在开发利用而不是保护上，甚至以保护为名，行开发之实。同时，部分自然保护地由于实施了严格的保护措施，但相应的补偿措施没有跟上，影响了社区发展和居民生活水平的提高，造成自然保护地与当地社区发展矛盾日益突出。总之，以开矿、旅游、扶贫、改善交通等名目要求自然保护区让路的呼声此起彼伏，地方申请自然保护区晋级的热情锐减，现实令人担忧。

2.2　造成自然保护地主要问题的原因分析

2.2.1　自然保护地的立法保障机制尚未完善

　　相对于国际上有些国家，我国的自然保护地除《野生动物保护法》《环境保护法》等法律提供边缘化的宏观指导外，针对自然保护地的建设、规划与管理，尚停留在国务院条例阶段，甚至仅出台了部门相关的管理办法、规定或指南等。例如，国务院颁布的《自然保护区条例》（1994，国务院令第167号）和《风景名胜区条例》（2006，国务院令第474号）；林业部门发布的《森林公园管理办法》（1993,原林业部令第3号）、《国家级森林公园管理办法》（2011,国家林业局令第27号）、《国家湿地公园管理办法（试行）》（林湿发〔2010〕1号）和国土部门发布的《中国国家地质公园建设技术要求与工作指南》（国土资源部，2002-11）等。这些条例、管理办法等法规和规章制度阶位低，且彼此之间缺乏协调统一，甚至有的与上位法存在一定的冲突（如本应受严格保护的自然保护区内存在草原证、采矿证等）。缺乏全国人大提供的最高权威性或专门法律自然保护地位，相关立法保障机制尚未完善。

2.2.2　科学合理的自然保护地体系尚未建立

我国自然保护地的建设和管理经历了一个从无到有的发展过程,各部门根据各自职责建立了不同类型的自然保护地,如林业部门建立并管理的(林业)自然保护区、森林公园、湿地公园、沙漠(石漠)公园、沙化土地封禁保护区等,住建部门建设并管理的风景名胜区,国土部门建立并管理的地质公园、矿山公园等,水利部门建立的水利风景区,农业部建设的(水生生物)自然保护区、水产种质资源保护区,海洋部门建立的海洋特别保护区(含海洋公园)等。但在发展过程中,没有适时根据维护国家生态安全和生物多样性保护的需求,在国家层面对自然保护地体系进行顶层设计,造成了自然保护地类型多、数量大(见本书第 1 章相关内容)。且各类自然保护地功能定位欠科学,交叉重叠现象较严重,彼此之间缺乏有机联系,没有形成科学、完整的体系。

2.2.3　现行自然保护地缺乏统一规划

由于缺乏全国统一规划,没有按照保护生态环境、维护国家生态安全的需要,确定一个区域的保护和管理目标,以及所要建立的自然保护地类型,而是根据部门各自职能先建先占,甚至重复建设、交叉重叠,使一些应该严格保护的区域保护不足或没有保护,一些可以适度利用的资源无法合理利用。我国各类型自然保护地的建立与维护国家生态安全目标相适应的自然保护地空间格局尚未形成。

由于历史条件和认识水平的局限,我国各类自然保护地大多实行由资源管理部门按生态要素分散管理的体制,难以有效地实施综合生态系统管理思想,难以实现对区域生态环境的统一管理和整体保护。例如,扎龙自然保护区是一个湿地类型的保护区,林业作为主管部门只能够保护湿地鸟类,其水资源、水生生物、水污染防治等分别由水利、农业、环保部门管理,而湿地作为生态系统是一个整体,应综合管理、系统保护。

2.2.4　自然保护地资金保障和生态补偿机制尚未建立

《自然保护区条例》规定:"管理自然保护区所需经费,由自然保护区所在地的县级以上地方人民政府安排。国家对国家级自然保护区的管理,给予适当的资金补助"。这一规定在一定程度上制约了中国自然保护事业的发展,甚至导致自然保护区为了自身生存开展违法违规经营活动。随着保护区管理的加强,野生动物种群致害事件频繁发生。《野生动物保护法》规定:"因保护国家和地方重点保护野生动物,造成农作物或者其他损失的,由当地政府给予补偿"。然而,目前只有少数省份有专门的野生动物致害补偿办法。既然"野生动物资源属于国家所有"(《野生动物保护法》第 3 条),赔偿主体应该是国家,中央财政统一支付比较合理。否则,野生动物丰富且保护效果好的省份反而需要支付高额的赔偿金,对保护可能产生负反馈作用。

在既无专门立法保障，又无中央层集约化统一管理的体制下，自然保护地基本上只能通过属地管理模式进行运作，主管部门主要负责业务指导，地方政府负责自然保护地的"人、财、物"管理。如果属地管理长期无法在当地创造经济、社会、生态环境效益，当国家保护目标和地方开发利用产生矛盾时，属地管理体制可能造成地方政府设法通过其他方式使保护让位于开发。加之管理经费落实不到位，缺乏完善的生态补偿机制，保护与开发矛盾日益突出，生态保护的效果受到影响。

第3章 国外自然保护地建设管理概况

人类社会逐渐面临着生物多样性丧失、自然资源日趋枯竭等问题，实践证明，建立自然保护地对于保护自然资源、保护生态环境，提高资源质量及其生物多样性丰富度，以及实现人类社会的科学可持续发展具有重要的意义。自然保护地占国土面积的百分比已成为衡量一个国家自然保护事业发展水平、科学文化水平的重要标准。世界上发达国家自然保护地的面积一般占国土面积的 5%～10%。随着保护生物多样性和实施可持续发展战略等问题被国际社会所关注，自然保护地的数量和面积仍在不断增加，同时其功能也在发生变化。自然保护地已成为促进人与自然协调、建设可持续发展社会的基本单元。自然保护地不仅对保护生物多样性起到重要作用，在促进资源的可持续利用，发展生态旅游，保障各地的环境保护、社会发展及经济建设平衡发展上也起到关键作用。

3.1 全球自然保护地建设现状

3.1.1 概述

根据联合国保护地名录显示（UN List of Protected Area），截至 2014 年年底，全球已建立了约 21 万个各种类型的自然保护区，陆域（含内陆水域）各种类型自然保护区面积占全球陆域面积的15.4%。海洋类型的保护区面积占全球海洋总面积的3.4%。海洋类的各类自然保护区主要集中在近海海域。实践证明，建立自然保护地是保护生物多样性的有效手段，可以保护典型的生态系统、珍稀濒危物种栖息地和遗产种质资源等方面，使自然保护地建设和管理成为具有保护、科研、教育、生产和旅游等多功能的"自然—社会—经济"综合体，是人类生物多样性发展的有效管理手段。

自 20 世纪 80 年代以来，世界自然保护地事业在世界自然保护联盟的推动下获得了空前的发展，但仍面临以下五大任务：一是评估全球各生物地理区域保护区的现状和发展；二是促进全球自然保护地建设与区域社会和经济发展密切联系；三是促进各个国家自然保护区地分级、分类、动态管理；四是鼓励建立跨界自然保护区和姊妹保护区；五是促进世界自然和文化遗产地的有效管理。

3.1.2　全球保护地分类体系

世界自然保护联盟（IUCN）根据管理目标对各种类型自然保护地进行分类，提出了一个包括 10 个类型的保护地分类系统。在 IUCN 分类体系的基础上，1991 年国家公园和保护地委员会前主席 Edisvik 发表了《陆地和海洋保护区分类框架》一文，提出了一个 6 个类型的新的分类系统（表 3-1）。1992 年，IUCN 在委内瑞拉召开的第四届国家公园和保护区会议上总结先前的工作经验和教训，宣布建立沿用至今的保护地 6 大管理分类，这一重要举措标志着保护地理论核心的形成。该分类体系主要包括 I a 严格自然保护地、I b 荒野保护区、II 国家公园、III 自然遗址、IV 栖息地 / 物种管理保护地、V 陆地 / 海洋景观保护地和 VI 需要经营的资源保护地。这六个类别的设计从质量、重要性、自然性的层面讲都不具有等级性，但是这六个类别的应用却是视情况而定的，出发点是能在特定的陆地景观 / 海洋景观环境中将自然保护最大化。IUCN 自然保护地分类的"自然性"如图 3-1 所示。

表 3-1　世界自然保护联盟（IUCN）保护地体系

序号	名称	特征	管理目标
I a	严格自然保护地	一个地区或海域，拥有出众或具代表性的生态系统 / 地质或地貌特点与 / 或物种，可作为科学研究或环境监察	科学研究
I b	荒野保护区	一大片未被改动或只被轻微改动的陆地与 / 或海洋，仍保留着其天然特点及影响力，没有永久性或重大的人类居所，受保护或管理以保存其天然状态	野生环境的保护
II	国家公园	一个天然陆地与 / 或海洋区域，指定为：保护该区的一个或多个生态系统于现今及未来的生态完整性；禁止该区的开发或有害的侵占；提供一个可与环境及文化相容的精神、科学、教育、消闲、访问基础	生态系统的保护和游憩的需求
III	自然遗址	一个地区拥有一个或多个独特天然或文化特点，而其特点是出众，或因其稀有性、代表性、美观质素或文化重要性而显得独有	特殊自然特征的保护
IV	栖息地 / 物种管理保护地	一个地区或海洋，受到积极介入管制，以确保生境的维护与 / 或达到某物种的需求	通过干预管理的方法实现保护的目的
V	陆地 / 海洋景观保护地	一个附有海岸及海洋的陆地地区，在区内的人类与自然界长时间的互动，使该区拥有与众不同及重大的美观、生态或文化价值特点，及有高度的生物多样性。守卫该区与传统相互作用的完整性保护对该区的保护、维持及进化尤其重要	陆地 / 海洋景观的保护和游憩的需要
VI	需要经营的资源保护地	一个地区拥有显著的未经改动的自然系统，管制可确保生物多样性长期地受保护，并同时可持续性地出产天然产物及服务，以达到社会的需求	自然生态系统的可持续利用

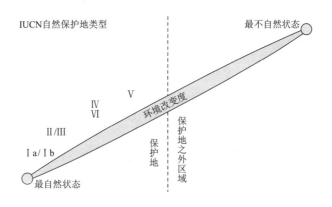

图 3-1　自然性与 IUCN 自然保护地分类关系

资料来源：改自 Dudley, 2008。

　　作为保护地理论形成的成果，1994 年出版的《保护地管理分类指南》建立起一套较为科学严谨的理论体系，该体系提出了保护地的准确定义、管理目的、分类标准等。管理目的的主要为：科学研究、荒漠保护、物种和遗传多样性的保护、环境设施的维护、独特的自然和人文景观的保护、旅游和重建、教育、自然生态系统中资源的可持续利用和传统习俗的保护等。

　　目前，全球已有 200 多个国家和地区结合本国或本地区生态环境特点，建立了各自的自然保护地体系。如加拿大自然保护地体系包括国家公园、国家海洋保护区、国家野生动植物保护区、国家候鸟禁猎区、加拿大遗产河流系统保护区、国家首都保护地 6 种类型。德国自然保护地分为自然保护区、国家公园、景观保护区、自然公园、生物圈保护区、原始森林保护区、湿地保护区、鸟类保护区 8 种类型。意大利自然保护地分为国家公园、区域间的自然公园、自然保护区、湿地及国际重要地区、其他自然保护地、潜在陆地和海洋保护区域 6 种类型。美国的自然保护地体系较为复杂，主要包括国家公园系统、国家荒野保护系统、国家森林（包括国家草原）系统、国家野生动物庇护系统、国家景观保护系统、海洋保护区系统、国家原野与风景河流系统等 11 个系统，140 多种类型。欧盟完全采用 IUCN 自然保护地分类体系，提出并实施了欧盟成员国自然保护地体系网络构建蓝图——Natura 2000。

　　2003 年，在南非德班召开的第五届世界公园大会就 6 大类分类体系进行了总结。该大会重申了保护地的概念，通过了《德班宣言》，确定了保护地 7 大要旨：①保护地建立取得了巨大成就，但差异显著；②保护地面临众多挑战，有待加强管理力度；③保护地在保护生物多样性和可持续发展方面担当重要角色；④当地社区和人民必须更好地投身到保护地工作中；⑤将保护地提上更高的议程；⑥要加大对保护地的投资；⑦使年轻一代更加了解保护地。

3.1.3   全球自然保护地的发展历程

1872 年美国联邦政府成立世界上第一个现代意义上的国家公园——黄石国家公园，是现代保护地发展的开端。此后，世界各个国家都根据自己本国的特点和区域情况建立类型多样的保护地：如美国的野生物庇护地、国家森林保护地、我国的自然保护区等。1900—2014 年，全球自然保护地数量从 50 个增长到 209 000 个，增长了 4 000 多倍，如图 3-2 所示。

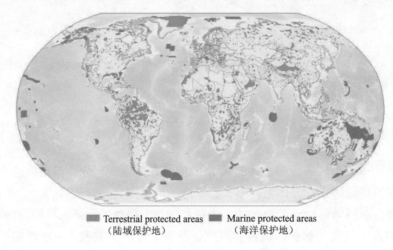

图 3-2   陆地和海域保护地示意

资料来源：引自 UNEP-WCMC 2014。

自然保护地建设和管理约有 140 年历史，随着社会的发展，全球土地开发和工业化发展导致了自然环境退化等诸多环境问题，因此需要更多的针对自然保护的全球合作。同一时期，随着国际濒危物种交易会议、国际湿地保护会议、生物多样性会议等国际会议的召开，全球范围内开始采取各种自然环境保护措施，多个国际社区组织也加大了对自然保护的投入。自 1960 年，自然保护地在不同地区开始迅速建立，保护地数量显著增加。约 94% 的现有自然保护地成立于 1960 年后，约 50% 的现有自然保护地成立于 2000 年后（图 3-3）。

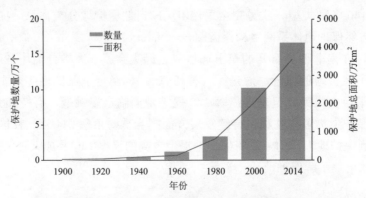

图 3-3   世界自然保护地数量和面积发展趋势

　　根据世界保护地数据库（WDPA），19 世纪初已经有国家开展建立保护地。如 1819 年，前俄国由沙皇参议院批准建立了顿斯基鱼类保护区（Donskoj rybny zapovednik）；1838 年，捷克分别建立了 Žofínský prales 国家级自然保护区和 Hojná Voda 国家自然遗产地，1858 年又建立了 Boubínský prales 国家级自然保护区。上述保护地虽由政府划定，但都缺少相应的法律依据进行管理，很难说是严格意义上的自然保护地。因此，世界上公认的第一个自然保护地是由美国政府于 1872 年在《黄石法案》（Yollowstone Act, 1872）下建立的黄石国家公园。黄石国家公园坐落于美国落基山脉北部，跨越怀俄明州、爱德华州和蒙大拿州，占地 8 98 km²，主要是为了保护印第安文化遗迹、自然景观和野生动植物。

　　纵观世界自然保护地发展历程，大致分为以下几个阶段：

　　（1）萌芽阶段（19 世纪）

　　19 世纪全球建立的自然保护地还较少。在 1900 年以前，仅有美国、加拿大、澳大利亚、新西兰、斯里兰卡、阿根廷、比利时、捷克、黎巴嫩、斯里兰卡、俄罗斯、斯洛伐克和南非等 13 个国家建立了自然保护地。

　　在这一时期，北美地区所建的自然保护地面积明显高于世界其他地区，超过当时全球自然保护地总面积的 70%，其次是非洲和大洋洲。这是由于全球自然保护地起源于北美，并很快影响到非洲和大洋洲。但是，这一时期自然保护地数量最多的是亚洲，主要是由于斯里兰卡在这一时期建立了很多面积相对较小的森林保护区（图 3-4）。

　　在 19 世纪，从自然保护地数量来看，主要以 II 类国家公园为主，其总面积超过当时全球保护地面积的 97%。其次是 IV 类栖息地（物种）保护地和 I a 类严格自然保护区（图 3-5）。

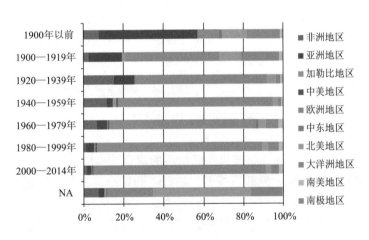

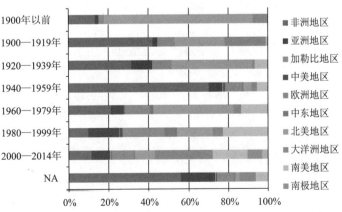

图 3-4　全球各地区自然保护地发展历程

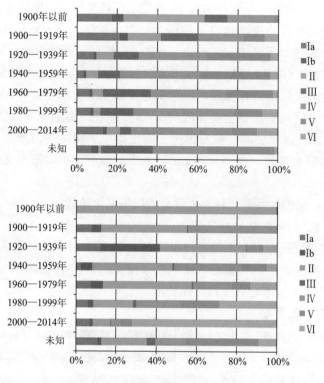

图 3-5　各类自然保护地发展历程

（2）扩展阶段（1900—1939 年）

1900—1939 年，共有 77 个国家开始建立自然保护地，主要集中在欧洲、非洲、亚洲和南美洲。这些自然保护地的建设受美国黄石国家公园的影响较大。在这一时期，欧洲自然保护地数量最多，超过了同期全球自然保护地数量的一半。但欧洲自然保护地面积却相对较小，不足当时全球自然保护地总面积的 10%。此外，这一时期欧洲国家正在非洲进行殖民统治，因此，非洲地区也建立了数量较多且面积相对较大的自然保护地。北美地区在 1900—1939 年仍处于自然保护地快速发展阶段，自然保护地数量和面积在全球范围内均占较大比例。大洋洲在 1900—1919 年建立了大量的自然保护地，但在 1920—1939 年发展速度显著放缓（图 3-4）。

这一阶段，世界上各类自然保护地均得到很好的发展（图 3-5）。在数量方面，主要以 IV 类栖息地（物种）保护地、V 类陆地（海洋）景观保护地、III 类自然遗址保护地和 I a 类严格自然保护区为主。在面积方面，仍以 II 类国家公园面积最大，约占该时期自然保护地总面积的 50%，其次是 IV 类栖息地（物种）保护地（1900—1919 年）和 I b 类荒野保护区（1920—1939 年）。

（3）规范发展阶段（1940—1959 年）

20 世纪 40 年代中期随着第二次世界大战结束，许多国家脱离了殖民统治，建立了独立国家，并通过建立自然保护地等诸多政策来保护自然生态环境。其中很多国家在取得独立主权之前就建立了自然保护地，独立之后，保留了殖民者所建立的自然保护地，如亚洲的斯里兰卡、印度尼西亚、马来西亚、印度,非洲的尼日利亚、塞拉利昂、中非、安哥拉和刚果等。1933 年在伦敦召开的殖民政权国际会议(伦敦会议)上提出对非洲动、植物资源进行保护,并根据国际标准来规范国家公园的建设和管理,伦敦会议对非洲殖民地自然保护地的建立有深远的影响。1940—1959 年,非洲地区建立了大面积的自然保护地,是该地区自然保护地发展最快的时期。

（4）快速发展阶段（1960 年以后）

20 世纪后半叶,土地开发和工业化的快速发展导致全球性的自然环境急剧退化,包括生物多样性的丧失,因此需要更多的针对自然保护的全球合作。同一时期,相关国际组织出台了如《国际濒危物种交易公约》(《华盛顿公约》,1975)、《国际湿地保护公约》(《拉姆萨尔公约》,1975)、《生物多样性公约》(CBD,1993)等多个国际生物多样性相关的公约,全球范围内开始采取各种自然环境保护措施,众多国际组织也积极投入到自然保护中。在自然保护地建设和管理的 140 多年历史中,大部分保护地都建立于近 50 多年。1960 年之后建立的自然保护地数量占现今自然保护地总数量的 90%以上,其中欧洲发展最快,所建保护地占到全球该阶段保护地数量的 70% 以上。此外,由于 1959 年签订了《南极条约》,南极地区也开始建立自然保护地。

从数量方面来看:在各类自然保护地中,IV 类数量最多,达到 55 311 处,占总数的 26.32% ;其次是 V 类 28 311 处,占总数量的 13.47% ;数量较少的是 I b 类和 II 类,分别为 2 921 处和 5 175 处,占全球自然保护地数量的 1.39% 和 2.46%(表 3-2)。

表 3-2　全球各自然保护地数量变化

分类	I a	I b	II	III	IV	V	VI	NA	NR	总计
1900 年以前	6	2	14	4	8	1			30	65
1900—1919 年	36	6	28	31	38	18	12	13	111	293
1920—1939 年	122	23	134	189	518	488	64		1 137	2 675
1940—1959 年	136	65	276	497	1 820	1 598	206		3 633	8 231
1960—1979 年	1 058	242	937	4 100	6 468	4 102	519	370	3 097	20 893
1980—1999 年	3 283	812	1 792	8 368	25 497	7 324	4 123	10 230	7 646	69 075
2000—2014 年	2 859	446	1 460	1 208	11 172	2 736	2 405	17 029	25 149	64 464
未知	2 497	1 325	534	9 164	9 790	12 044	747	1 638	6 708	44 447
总计	9 997	2 921	5 175	23 561	55 311	28 311	8 076	29 280	47 511	210 143
比例 /%	4.76	1.39	2.46	11.21	26.32	13.47	3.84	13.93	22.61	100

注 : NA, Not Application, 未采用 IUCN 分类体系 ; NR, Not Reported, 未上报分类类型。

3.1.4　全球自然保护地的建立及特点

从 1921 年起，世界上其他国家也开始建立自然保护地，最初均多以"国家公园"来命名自然保护地。到目前为止，近 200 个国家建立了自然保护地，名称上也从"国家公园"发展为各种类型。从 1872 年至今，以 1940 为时间中轴，前半期约有 64 个国家建立自然保护地，而后半期有近 140 个国家建立保护地。

工业革命以来，人类对大自然进行了掠夺式开发，生态环境的破坏日趋严重，影响了人类自身的生存和可持续发展。为有效保护生态环境和自然资源，国家公园这种保护模式应运而生。特别是 1972 年斯德哥尔摩环境大会以后，世界各国保护地的数量和面积迅速增加。这些自然保护地在保护自然生态环境与生物多样性、自然景观、各类自然地质遗产和资源的同时，也为人们提供了科研、教育和旅游的机会，满足了国民的休闲需求。自然保护地的建设与管理已成为衡量一个国家社会文明程度和可持续发展水平的重要标志之一。

面积方面，采用 IUCN 分类体系的自然保护地总面积为 20 954 745 km^2，占全球自然保护地总面积的 54.26%。其中Ⅵ类自然保护地面积最大，占总面积的 21.27%；其次是Ⅱ类，占总面积的 12.02%；面积较小的为Ⅰb类和Ⅲ类，分别占保护地总面积的 1.98%和 0.50%（表 3-3）。全球自然保护地平均面积为 183 km^2，平均面积最大的保护地类型是Ⅵ类，平均面积超过 1 000 km^2；其次是Ⅱ类，平均面积近 900 km^2；平均面积最小的是Ⅲ类，约为 8.18 km^2。因此，从面积上来说，Ⅵ类和Ⅱ类的贡献最大。

总体来看：Ⅰa类严格自然保护区在南极地区最多，超过该地区自然保护地数量的60%；其次是大洋洲、南美和亚洲；中东地区Ⅰa类严格自然保护区最少。Ⅰb类荒野保护区在北美占该地区保护地数量的比例最大，在其他地区所占比例均很小；在加勒比海地区Ⅰb类荒野保护区占该地区保护地总面积的 60% 以上，其次是北美和非洲地区。Ⅱ类国家公园，在数量上，除了欧洲外，在全球各地区均有较多分布；在北美、非洲、南美和中美地区较多，Ⅱ类总面积占该地区保护地总面积均较大，南极地区Ⅱ类所占面积比最小。Ⅲ类自然遗址在大洋洲和欧洲数量占比最大；而Ⅲ类总面积，只在中美地区占比较大，在其他地区均较小。Ⅳ类栖息地（物种）保护地数量在全球各地区占比均较大；其总面积在欧洲和非洲占比较大，在南极地区占比最小。Ⅴ类陆地（海洋）景观保护地数量占比在亚洲最大，其次是北美、中东和欧洲，该类型在大洋洲、非洲和加勒比地区占比较小；在亚洲、欧洲和南美三地，Ⅴ类陆地（海洋）景观保护地面积占总保护地面积的比例较大，在其他地区都较小。Ⅵ类资源保护地在数量占比方面，南美与加勒比地区较大，在中东和南极地区最小；Ⅵ类总面积在全球各地区的保护地总面积中均占一定比例，尤以南极、中东、大洋洲地区较大，在 75% 以上。此外，南极地区除了Ⅵ类需要经营的资源保护地和Ⅰa类严格自然保护地外，其他保护地类型都很少（表 3-4，表 3-5）。

单位：km²

表 3-3　各自然保护地面积变化

分类	Ⅰa	Ⅰb	Ⅱ	Ⅲ	Ⅳ	Ⅴ	Ⅵ	NA	NR	总计
1900 年以前	59.85	0.24	22 911.89	74.48	65.31	26.48			477.03	23 615.29
1900—1919 年	8 015.58	5 184.30	45 839.65	695.75	47 834.11	196.51	143.92	846.21	4 695.48	113 451.50
1920—1939 年	66 144.57	161 793.08	236 977.09	1 036.01	33 609.49	13 230.43	38 933.18		63 033.57	614 757.43
1940—1959 年	8 717.21	23 217.02	165 372.92	3 137.53	137 990.02	52 792.71	21 992.37		256 095.99	669 315.78
1960—1979 年	299 805.71	250 158.88	1 831 421.49	19 475.29	800 588.43	387 291.88	559 259.79	1 446 114.58	310 525.02	5 904 641.06
1980—1999 年	408 949.29	185 850.28	1 425 602.27	107 810.81	1 526 479.87	1 438 103.71	2 070 587.14	3 247 649.16	2 214 174.66	12 625 207.19
2000—2014 年	491 883.70	116 519.76	672 330.53	16 307.55	352 912.76	409 041.56	5 422 187.98	4 162 849.74	3 986 542.59	15 630 576.17
未知	112 442.86	20 558.61	241 924.90	44 130.05	159 724.99	387 994.00	99 409.58	126 445.53	1 842 342.21	3 034 972.72
总计	1 396 018.77	763 282.17	4 642 380.74	192 667.48	3 059 204.98	2 688 677.28	8 212 513.96	8 983 905.22	8 677 886.54	38 616 537.14
比例 /%	3.62	1.98	12.02	0.50	7.92	6.96	21.27	23.26	22.47	100.00

表 3-4　全球各地区各类自然保护地数量

地区 Region	Ⅰa	Ⅰb	Ⅱ	Ⅲ	Ⅳ	Ⅴ	Ⅵ	NA	NR	总计	比例 /%
非洲地区 Africa	40	26	322	40	539	32	199	459	6 010	7 667	3.65
亚洲地区 Asia	421	47	576	59	1 035	2 313	371	413	2 193	7 428	3.53
加勒比地区 Caribbean	14	19	159	37	298	35	190	54	649	1 455	0.69
中美地区 Central America	12	1	89	27	194	127	84	71	416	1 021	0.49
欧洲地区 Europe	4 901	1 244	518	16 853	43 107	13 786	3 638	27 565	33 838	145 450	69.21
中东地区 Middle East	1	—	29	18	175	80	8	65	387	763	0.36
北美地区 North America	1 621	1 503	1 783	806	7 214	11 293	1 524	348	1 316	27 408	13.04
大洋洲地区 Oceania	2 719	76	1 144	5 618	2 468	304	1 521	120	1 019	14 989	7.13
南美地区 South America	214	5	551	101	263	336	539	174	1 646	3 829	1.82
南极地区 Southern Oceans	54	—	4	2	18	5	2	3	37	125	0.06
ABNJ	—	—	—	—	—	—	—	8	—	8	0
总计	9 997	2 921	5 175	23 561	55 311	28 311	8 076	29 280	47 511	210 143	100
比例 /%	4.76	1.39	2.46	11.21	26.32	13.47	3.84	13.93	22.61	100	

注：ABNJ, Areas Beyond National Jurisdictio 国家管辖范围以外地区；NA, Not Application，未采用 IUCN 分类体系；NR, Not Reported，未上报分类类型。

表 3-5　全球各地区各类自然保护地面积　　　　　　　　　　　　　　　　单位：km²

地区 Region	Ⅰa	Ⅰb	Ⅱ	Ⅲ	Ⅳ	Ⅴ	Ⅵ	NA	NR	总计	比例 /%
非洲地区 Africa	2.09	10.31	96.03	1.47	65.11	1.99	56.35	155.18	272.56	661.08	17.12
亚洲地区 Asia	16.23	5.82	50.77	2.21	52.47	151.44	23.95	59.75	88.97	451.61	11.69
加勒比地区 Caribbean	0.03	6.67	1.58	0.04	0.86	0.54	0.90	3.35	0.42	14.40	0.37
中美地区 Central America	0.89	0.00	2.88	0.49	1.26	0.10	3.55	12.66	6.04	27.87	0.72

续表

地区 Region	Ⅰa	Ⅰb	Ⅱ	Ⅲ	Ⅳ	Ⅴ	Ⅵ	NA	NR	总计	比例 /%
欧洲地区 Europe	47.65	3.94	39.58	3.47	104.41	58.67	50.41	215.60	21.07	544.78	14.11
中东地区 Middle East	0.00	—	5.69	1.24	6.14	6.09	68.84	7.68	3.53	99.22	2.57
北美地区 North America	1.12	44.13	145.66	0.42	26.80	2.48	90.28	166.56	183.48	660.93	17.12
大洋洲地区 Oceania	27.57	3.86	38.08	3.98	25.09	3.90	322.78	16.80	126.60	568.64	14.73
南美地区 South America	37.29	1.59	83.95	5.94	23.78	43.66	97.20	213.70	162.55	669.66	17.34
南极地区 Southern Oceans	6.73	—	0.02	0.00	0.01	0.00	107.00	0.36	2.57	116.69	3.02
ABNJ	—	—	—	—	—	—	—	46.76	—	46.76	1.21
总计	139.60	76.33	464.24	19.27	305.92	268.87	821.25	898.39	867.79	3 861.65	100.00
比例 /%	3.62	1.98	12.02	0.50	7.92	6.96	21.27	23.26	22.47	100.00	

注：ABNJ, Areas Beyond National Jurisdictio 国家管辖范围以外地区；NA, Not Application，未采用 IUCN 分类体系；NR, Not Reported，未上报分类类型。

3.1.5 世界各国自然保护地现状

（1）美国

美国作为世界上最早建立自然保护地的国家，其自然保护地体系由国家公园体系、国家森林体系、国家荒野保护体系、野生动物庇护体系、国家景观保护体系、海洋保护区体系、国家原野和风景河流体系、国家步道体系、国家纪念地体系等组成。根据世界保护地委员会（WCPA）统计，美国保护地有 141 个类别，共 8 000 多个，总面积占全国面积的 28.8%，已经建立起以国家野生生物避难所体系、国家公园体系、国家森林体系、原野地保存体系和国家海洋保护区计划为核心，以土地利用等管理为辅助的保护地体系（图 3-6）。

美国作为世界上最早建立国家公园的国家，经过 100 多年建设，目前美国的国家公

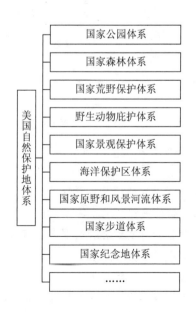

图 3-6 美国自然保护地体系示意

园主要分为国家公园、国家战场、国家战争公园、国家历史地、国家湖岸、国家纪念碑、国家娱乐区以及国家海岸等 20 类，401 处，总面积约为 34.13 万 km^2（表 3-6）。目前，美国共拥有 59 座国家公园（National Park），分布于美国的 27 个州，总面积约为 23 万 km^2，占美国国土面积的 2.5%（专栏 3-1）。

表 3-6　美国国家公园体系基本情况

序号	中文名称	英文名称	数量	始建年份
1	国际历史遗址	International Historic Site	1	1984
2	国家战场	National Battlefield	11	1890
3	国家战场公园	National Battlefield Park	4	1917
4	国家战争遗址	National Battlefield Site	1	1929
5	国家历史遗址	National Historic Site	78	1935
6	国家历史公园	National Historical Park	46	1907
7	国家湖岸	National Lakeshore	4	1966
8	国家纪念地	National Memorial	29	1848
9	国家军事公园	National Military Park	9	1890
10	国家历史文物	National Monument	78	1906
11	国家公园	National Park	59	1872
12	国家景观大道	National Parkway	4	1930
13	国家保护区	National Preserve	18	1917
14	国家游憩区	National Recreation Area	18	1946
15	国家保留地	National Reserve	2	1978
16	国家河流	National River	5	1972
17	国家野生与风景河流	National Wild & Scenic River	10	1968
18	国家海岸	National Seashore	10	1937
19	国家风景游径	National Scenic Trail	3	1968
20	其他	Other	11	1792
合计			401	

专栏 3-1　美国国家公园的理念

世界上第一个国家公园——黄石国家公园建于 1872 年，当时美国国会划出了一百万余公顷的土地，将其作为"供人们娱乐和享受的公立公园或欢乐场所"。法律指定由美国内政部部长负责这个公园，负责签署各项规定，以"保护并防止破坏或掠夺公园内部的一切林木、矿藏、自然遗产及奇观，并维持他们的自然状态"。公园其他管理职责包括开发游客食宿服务、建设道路和骑马道、移除入侵者，以及"针对公园内的渔猎等恶意破坏行为"等提供相关保护（《美国法典》第 16 卷 21-22 条）。

国家公园的概念是美国的一个历史产物，标志着一场全球运动的开始，从美国开始，随后逐渐蔓延到一百多个国家。然而，建立黄石国家公园时，并没有建造此类公园所依据的理念或计划。随着对西部美景和奇观的保护兴趣逐渐增加，美国正努力保护与早期美国原住民文化相关的场所和构筑物，尤其是在西南地区。《1906 年古物法》授权总统"以公告的形式宣布将美国政府所有的或支配的土地上的历史地标、历史和史前构筑物以及其他有历史和科学价值的遗存申报为历史遗迹"（《美国宪法》第 16 章第 431 条）。

　　1916 年国会在内政部创建了国家公园管理局，旨在改善和规范国家公园、纪念地和保护区等联邦土地的使用（《美国宪法》第 16 章第 1 条）。

文献来源：《美国国家公园管理政策》2006 版，贺艳等。

　　美国的国家公园体系中，面积最大的是位于阿拉斯加的兰格尔—圣埃利亚斯国家公园（Wrangell-St. Elias National Park），面积为 5.3 万 km²，而最小的是宾夕法尼亚州的撒迪厄斯国家纪念馆，面积仅为 80m²。美国的国家公园多分布于东南部和西部以及西北部。表 3-7 为美国国家公园名录。

表 3-7　美国国家公园名录

序号	公园名称（中文）	公园名称（英文）	建立时间 / 年	面积 /km²
01	阿卡迪亚	Acadia	1919	191.8
02	美属萨摩亚	American Samoa	1988	36.4
03	拱门	Arches	1971	309.7
04	恶地	Badlands	1978	982.4
05	大弯曲	Big Bend	1944	3 242.2
06	比斯坎	Biscayne	1980	699.8
07	甘尼逊黑峡谷	Black Canyon of the Gunnison	1999	133.3
08	布莱斯峡谷	Bryce Canyon	1928	145.0
09	峡谷地	Canyonlands	1964	1 366.2
10	圆顶礁	Capitol Reef	1971	979.0
11	卡尔斯贝洞窟	Carlsbad Caverns	1930	189.3
12	海峡群岛	Channel Islands	1980	1 009.9
13	康加里	Congaree	2003	107.4
14	火山口湖	Crater Lake	1902	741.5
15	库雅荷加谷	Cuyahoga Valley	2000	133.3
16	死亡谷	Death Valley	1994	13 647.6
17	迪纳利	Denali	1917	19 185.8
18	海龟	Dry Tortugas	1992	261.8
19	大沼泽地	Everglades	1934	6 104.8
20	北极之门	Gates of the Arctic	1980	30 448.1
21	冰川	Glacier	1910	4 101.8
22	冰川湾	Glacier Bay	1980	13 050.5

序号	公园名称（中文）	公园名称（英文）	建立时间 / 年	面积 /km²
23	大峡谷	Grand Canyon	1919	4 926.7
24	大提顿	Grand Teton	1929	1 254.5
25	大盆地	Great Basin	1986	312.3
26	大沙丘	Great Sand Dunes	2004	173.9
27	大雾山	Great Smoky Mountains	1934	2 110.4
28	瓜达卢佩山	Guadalupe Mountains	1966	349.7
29	哈来亚咔拉	Haleakalā	1916	117.7
30	夏威夷火山	Hawaii	1916	1 308.9
31	温泉	Hot Springs	1921	22.5
32	罗亚尔岛	Isle Royale	1940	2 314.0
33	约束亚树	Joshua Tree	1994	3 196.0
34	卡特迈	Katmai	1980	14 870.3
35	奇奈峡湾	Kenai Fjords	1980	2 711.3
36	国王峡谷	Kings Canyon	1940	1 869.2
37	科伯克谷	Kobuk Valley	1980	7 084.9
38	克拉克湖	Lake Clark	1980	10 601.7
39	拉森火山	Lassen Volcanic	1916	430.5
40	猛犸洞	Mammoth Cave	1941	213.8
41	台地	Mesa Verde	1906	210.9
42	雷尼尔山	Mount Rainier	1899	953.5
43	北瀑布	North Cascades	1968	2 042.8
44	奥林匹克	Olympic	1938	3 733.8
45	化石林	Petrified Forest	1962	378.5
46	尖峰	Pinnacles	2013	107.7
47	红杉树	Redwood	1968	455.3
48	落基山	Rocky Mountain	1915	1 075.8
49	萨格鲁	Saguaro	1994	370.0
50	红杉树	Sequoia	1890	1 635.1
51	山那都	Shenandoah	1926	805.5
52	罗斯福	Theodore Roosevelt	1978	285.1
53	维尔京岛	Virgin Islands	1956	59.4
54	探险家	Voyageurs	1971	883.0
55	风洞	Wind Cave	1903	114.5
56	弗兰格尔－圣伊莱亚斯	Wrangell-St. Elias	1980	33 682.6
57	黄石	Yellowstone	1872	8 983.2
58	约塞米蒂	Yosemite	1890	3 080.7
59	锡安	Zion	1919	593.3

引自 https://en.wikipedia.org/wiki/List_of_national_parks_of_the_United_States。

（2）加拿大

加拿大的自然保护地是一个庞大的体系，该体系分为国家级、省级和地方级。在众多的保护地体系中，有 3 500 个由政府建立，12 000 个由私人组织建立，实行分类、分级、分部门管理，其中大部分由联邦政府管理。国家层面自然保护地体系包括国家公园、国家海洋保护区、国家野生动植物保护区、国家候鸟禁猎区和国家首都保护地，以及由联邦政府和省 / 地区政府合作的国家项目——加拿大遗产河流系统（图 3-7）。

加拿大的国家公园体系包括国家公园及州立公园，总面积 30 万 km²，约占加拿大国土面积的 3%。其中国家公园 36 处，国家保留区 8 处，主要分布于东部和中南部（表 3-8），专栏 3-2 为加拿大国家公园理念。

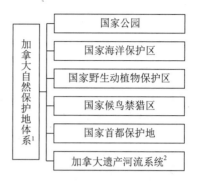

图 3-7　加拿大自然保护地体系示意图

注：1 加拿大国家层面自然保护区系统。
2 联邦政府和省 / 地区政府合作的国家项目。

表 3-8　加拿大国家公园及保留地基本情况

序号	公园名称（中文）	公园名称（英文）	建立时间 / 年	面积 /km²
1	奥拉维克国家公园	Aulavik National Park	1992	12 200
2	奥成特克国家公园	Auyuittuq National Park	2001	21 471
3	班夫国家公园	Banff National Park	1885	6 641
4	布鲁斯半岛国家公园	Bruce Peninsula National Park	1987	154
5	布雷顿角度地国家公园	Cape Berton Highlands National Park	1936	949
6	麋鹿岛国家公园	Elk Island National Park	1913	194
7	佛里昂国家公园	Forillon National Park	1970	244
8	芬迪国家公园	Fundy National Park	1948	206
9	乔治亚湾岛国家公园	Georgian Bay Islands National Park	1929	13
10	冰川国家公园	Glacier National Park	1886	1 349
11	草原国家公园	Grasslands National Park	1981	907
12	格罗斯莫恩国家公园	Sros Morne National Park	1973	1 805
13	伊瓦维克国家公园	Ivvavik National Park	1984	10 168
14	贾斯珀国家公园	Jasper National Park	1907	10 878
15	克吉姆库吉克国家公园	Kejimkujik National Park	1968	404
16	库特尼国家公园	Kootenay National Park	1920	1 406
17	古什布格瓦克国家公园	Kouchibouguac National Park	1969	239

续表

序号	公园名称（中文）	公园名称（英文）	建立时间/年	面积/km²
18	莫里斯国家公园	La Maurice National Park	1970	536
19	勒维斯托克山国家公园	Mount Pevelstoke National Park	1914	260
20	皮利角国家公园	Point Pelee National Park	1918	15
21	阿尔伯特太子山国家公园	Prince Albert National Park	1927	3 874
22	爱德华王子岛国家公园	Prince Edward Island National Park	1937	22
23	普卡斯克瓦国家公园	Pukaskwa National Park	1978	1 878
24	古丁尼柏国家公园	Quttinirpaaq National Park	2001	37 775
25	雷丁山国家公园	Riding Mountain National Park	1933	2 973
26	谢米里克国家公园	Sirmilik National Park	2001	22 200
27	圣劳伦斯岛国家公园	St. Lawrence Islands National Park	1904	8.7
28	特拉诺华国家公园	Terra Nova National Park	1957	400
29	通戈山国家公园	Torngat Mountains National Park	2005	9 600
30	图克图特诺革特国家公园	Tuktut Nogait National Park	1996	16 340
31	乌库什沙里克国家公园	Ukkusiksalik National Park	2003	20 500
32	乌恩图特国家公园	Vuntut National Park	1995	4 345
33	瓦布斯克国家公园	Wapusk National Park	1996	11 475
34	沃特顿湖国家公园	Waterton Lakes National Park	1895	505
35	森林野牛国家公园	Wood Buffalo National Park	1922	44 807
36	幽鹤国家公园	Yoho National Park	1886	1 313
37	克鲁恩国家公园及保留地	Kluane National Park and Reserve	1972	22 013
38	海湾岛群国家公园及保留地	Gulf Islands National Park and Reserve	2003	33
39	格怀伊哈纳斯国家公园保留地和海达文物古迹	Gwaii Haanas National Park Reserve and Haida Heritage Site	1988	1 495
40	敏甘群岛国家公园及保留地	Mingan Archipelago National Park and Reserve	1984	151
41	纳茨伊奇沃国家公园及保留地	Naats'ihch'oh National Park and Reserve	2012	4 850
42	纳汉尼国家公园及保留地	Nahanni National Park and Reserve	1976	30 000
43	太平洋沿岸国家公园及保留地	Pacific Rim National Park and Reserve	1970	511
44	黑貂岛国家公园及保留地	Sable National Park and Reserve	2011	34

（引自 https://en.wikipedia.org/wiki/List_of_National_Parks_of_Canada）。

专栏 3-2　加拿大国家公园理念

加拿大自然生态系统类型多样，拥有森林、草原、冻原、沼泽等多种陆地生态系统类型。自 1885 年建立第一个国家公园以来，目前已拥有 36 个国家公园，多个国家公园被列为世界遗产。领土公园分部（Dominion Parks Branch，亦即现在的公园管理处，Parks Canada Agancy）建立于 1911 年，是世界上最早的国家公园管理机构。加拿大最早建立的国家公园是位于落基山脉的班夫（Banff）国家公园，是世界上第三个国家公园。由于当时正在修建铁路的班夫发现了温泉，联邦政府和太平洋铁路公司一起为了开发温泉而建立了落基山国家公园，后改成班夫国家公园。1911 年，加拿大议会通过了领土森林保护区和公园行动

图 3-8　加拿大班夫国家公园

计划（Dominion Forest Reserves and Parks Acts）。原有的公园的一部分用于游憩的土地被划出来作为森林保护区，用于保护野生动物。1930 年国会通过了国家公园行动计划（National Parks Act），确立了"国家公园的宗旨是为了加拿大人民的利益、教育和娱乐而服务于加拿大人民，国家公园应该得到很好的利用和管理以使下一代使用时没有遭到破坏"，同时规定"新的国家公园的建立以及旧的国家公园范围的变更必须得到国会的批准"。加拿大国家公园管理处与大学、研究机构、工业部门、当地政府和原住民充分合作，一切决策均以保护生态完整性为首要目标。

班夫国家公园：位于阿尔伯特省，是加拿大第一个国家公园，世界第三个国家公园。公园占地面积 6 600 多 km^2，公园拥有 7 处国家历史遗迹。

班夫国家公园有 3 个生态区域，包括山区、亚高山带和高山。亚高山带生态区由很多茂密的森林组成，占班夫面积的 53%。公园 27% 区域位于低海拔地区，属于山区生态区域。除了山区，班夫国家公园的生态资源还有冰川、河流、湖泊、森林、温泉等，大角羊、麋鹿、狼、大灰熊等动物也生活在其中。

（3）德国

德国自然保护地体系分为自然保护区、国家公园、景观保护区、自然公园、生物圈保护区、原始森林保护区、湿地保护区、鸟类保护区 8 种类型，其中国家公园和自然保护区是德国开展自然保护工作的主要载体。德国自然保护区共有 8 413 个自然保护

区，总面积为 12 715km²，占德国总国土面积的 3.6%。德国自然保护区面积通常较小，大约 60% 的自然保护区面积不超过 0.5km²，最大的面积为 1 416km²，面积均明显小于国家公园。德国自然保护地体系如图 3-9 所示，德国国家公园统计如表 3-9 所示。

图 3-9　德国自然保护地体系示意图

表 3-9　德国国家公园名录

名称	建立时间 / 年	位置	面积 /km²
贝希特斯加登国家公园	1978	慕尼黑与奥地利交界处	210
巴伐利亚森林国家公园	1976	巴伐利亚东部	243
萨克森小瑞士国家公园	1990	德力斯顿东部与捷克接壤	94
海尼希国家公园	1997	图森根西部	76
凯乐瓦尔德—埃德湖国家公园	2004	卡塞尔南	57
哈次山国家公园	1990	德国中部	247
下奥德河河谷国家公园	1995	勃兰登堡东北与波兰交界处	10.5
慕里兹国家公园	1990	梅克伦堡—前波莫瑞州南部海边平原	322
雅思蒙国家公园	1990	北海吕根岛	30
梅克伦堡—前波莫瑞浅海湾风景区国家公园	1990	东海岸、梅克伦堡—前波莫瑞州	805
石勒斯维希—赫尔斯坦北海浅滩国家公园	1985	北海岸到丹麦边界	4 410
汉堡北海浅滩国家公园	1990	北海入海口 12 km	137
下萨克森北海浅滩国家公园	1986	北海岸	3 450
艾菲尔国家公园	2004	北莱茵 - 西法仑北部	107
黑森林国家公园	2014	巴登—符腾堡州	100

（4）日本

日本自然保护地体系由自然环境保护区体系、自然公园体系和保护林体系等构成。其中，自然环境保护区可分为原生自然环境保护区、自然环境保护区和都道府县立自然环境保护区。原生自然环境保护区共 5 处，总面积为 56 km²；自然环境保护区 10 处，总面积为 216 km²；自然公园可分为国立公园、国定公园和都道府县立自然公园，日本自然

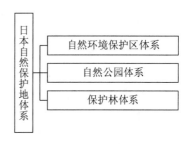

图 3-10　日本自然保护地体系示意

保护体系如图 3-10 所示，日本国家公园的相关情况如表 3-10 所示。保护林体系可分为森林生态系保护区、森林生物遗传资源保存林、林木遗传资源保存林、植物群落保护林、特定动物生息地保护林、特定地理保护林和乡土森林 7 种类型，共 787 处，总面积为 4 700 km²。

表 3-10　日本国家公园名录

序号	国家公园	建立时间 / 年	面积 /km²
1	大雪山国立公园	1934	2 267.64
2	阿寒国立公园	1934	904.81
3	日光国立公园	1934	1 149.08
4	中部山岳国立公园	1934	1 743.23
5	云仙天草国立公园	1934	282.79
6	阿苏九重国立公园	1934	726.78
7	雾岛锦江湾国立公园	1934	365.86
8	濑户内海国立公园	1934	669.34
9	十和田八幡平国立公园	1936	855.51
10	大山隐岐国立公园	1936	353.53
11	吉野熊野国立公园	1936	614.06
12	伊势志摩国立公园	1946	555.44
13	支笏洞爷国立公园	1949	994.73
14	上信越高原国立公园	1949	1 481.94
15	磐梯朝日国立公园	1950	1 863.89
16	富士箱根伊豆国立公园	1950	1 216.95
17	三陆复兴国立公园	1955	285.37
18	西海国立公园	1955	246.46
19	白山国立公园	1962	449.0
20	山阴海岸国立公园	1963	87.83
21	知床国立公园	1964	386.36
22	秩父多摩甲斐国立公园	1964	1 262.59
23	南阿尔卑斯国立公园	1964	357.52
24	小笠原国立公园	1972	66.29

续表

序号	国家公园	建立时间 / 年	面积 /km²
25	足折宇和海国立公园	1972	113.45
26	西表石垣国立公园	1972	406.54
27	利尻礼文佐吕别国立公园	1974	241.66
28	钏路湿原国立公园	1987	287.88
29	尾濑国立公园	2007	372.0
30	屋久岛国立公园	2012	245.66
31	庆良间诸岛国立公园	2014	35.2
32	妙高户隐连山国立公园	2015	406.54

（引自 http://www.env.go.jp/park/）。

（5）澳大利亚

澳大利亚的自然保护地体系包括动物群和植物群保护区、森林保护区公园、环境公园、野生动植物保护区以及国家公园等，共 7 900 多个，总面积超过 152 万 km²，国家公园占的比例最大，约占陆地表面的 3.42%。澳大利亚自然保护地体系类型齐全、名称多样，由于澳大利亚实行联邦制，大多数保护地由各州自行管理，因此，不同地区保护地即使同名，也会在管理目标上有所差异。

澳大利亚各区域划定国家公园都有所不同：其中昆士兰州自然保护法规定该州保护区划分为 11 个类别，即国家公园、科学国家公园、土著居民国家公园、托雷斯海峡岛屿居民国家公园、资源保护公园、资源保护区、自然庇护地、协调资源管护区、荒野区、世界遗产管理区以及国际协定区；维多利亚州根据国家公园法划分该州的保护地为 10 个类别，规定保护区名称为国家公园、荒野公园、州立公园、海峡与海岸公园、海洋保护区、动植物区系保护区、遗产河流、自然保护区、自然集水区、自然特色保护区；新南威尔士州保护区有 7 个类别，分别为国家公园、自然保护区、荒野区、土著区、历史遗址、州立休闲区、区域公园等；北领地保护区的保护地体系有 7 个类别，分别为国家公园、自然公园、土著居民管理的国家公园、资源保护区、历史保护区、保护区、管理协定区，澳大利亚自然保护地体系如图 3-11 所示，表 3-11 为澳大利亚各州自然保护地体系基本情况。

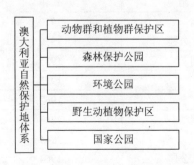

图 3-11　澳大利亚自然保护地体系

表 3-11　澳大利亚各州自然保护地体系基本情况　　　　　　单位：km²

管理部门	陆地保护			海洋保护地		海洋岛屿保护地		海外领地保护地	
	数量	面积	占国土面积	数量	面积	数量	面积	数量	面积
联邦政府	6	22 120		17	61 669			10	110
首都特区	10	1 290	54.73						
新南威尔士洲	634	61 279	7.65	19	1 645	1	12		
昆士兰州	594	86 194	4.98	102	81 974				
北领地	78	48 188	3.58	1	2 236				
南澳州	1 590	252 516	25.66	19	1 857				
塔斯马尼亚州	760	25 904	37.87	5	932	1	132		
维多利亚州	2 714	37 460	16.46	29	946				
西澳州	1 334	273 995	10.84	8	11 718				
小计	7 720	808 951		200	718 005	2	144	10	110

（6）俄罗斯

俄罗斯自然保护地体系包括国家级自然保护区、全国和地方性的国家自然禁猎区、国家公园、自然公园、自然遗迹地，此外还包括植物园、树木公园、疗养区、医疗保健区等。俄罗斯主要的、也是最高级的特别自然保护区域为自然保护区和国家公园。俄罗斯于 1916 年建立第一批自然保护区，目前有 100 个自然保护区，总面积 3 374 万 km²（陆地占 2 724 万 km²），占国土面积的 1.58%（图 3-12）。

俄罗斯国家公园是其自然保护地体系中的重要类型，1983 年建立了第一个国家公园，目前共有索契国家公园、驼鹿岛国家公园、贝加尔国家公园等 49 个国家公园，总面积为 155 674.84 km²，占国土面积的 0.9%。俄罗斯国家公园相关情况见表 3-12。

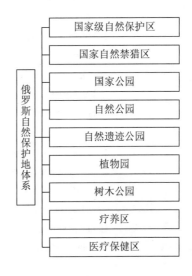

图 3-12　俄罗斯自然保护地体系

表 3-12　俄罗斯国家公园名录

中文名称	英文名称	所在地区	始建时间/年	面积/km²
阿拉尼亚国家公园	Alaniya National Park	北奥塞梯—阿兰共和国	1998	549.26
阿尔哈奈国家公园	Alkhanay National Park	外贝加尔边疆区	1999	1 382.34
阿纽伊河国家公园	Anyuysky National Park	哈巴罗夫斯克边疆区	1999	4 293.7
巴什基尔国家公园	Bashkiriya National Park	巴什科尔托斯坦共和国	1986	920
白令海峡国家公园	Beringia National Park	楚科奇自治区	2013	30 532.33
比金国家公园	Bikin National Park	滨海边疆区	2015	11 605

中文名称	英文名称	所在地区	始建时间 / 年	面积 /km²
布祖卢克—博尔国家公园	Buzuluksky Bor National Park	萨马拉州 / 奥伦堡州	2007	1 060
楚瓦什瓦尔马涅国家公园	Chavash Varmane Bor National Park	楚瓦什共和国	1993	252
奇科伊河国家公园	Chikoy National Park	外贝加尔边疆区	2014	6 664.68
卡列瓦拉国家公园	Kalevalsky National Park	卡累利阿共和国	2007	744
库尔什沙嘴国家公园	Curonian Spit National Park	加里宁格勒州	1987	66.21
克诺泽罗国家公园	Kenozersky National Park	阿尔汉格尔斯克州	1991	1 396.63
赫瓦伦斯克国家公园	Khvalynsky National Park	萨拉托夫州	1994	255.24
驼鹿岛国家公园	Losiny Ostrov National Park	莫斯科州	1983	116
马里乔德拉国家公园	Mariy Chodra National Park	马里埃尔共和国	1985	366
梅晓拉国家公园	Meshchyora National Park	弗拉基米尔州	1992	1 189
梅晓拉低地国家公园	Meschyorsky National Park	梁赞州	1992	1 050.14
涅奇金诺国家公园	Nechkinsky National Park	乌德穆尔特共和国	1997	207.53
卡玛国家公园	Nizhnyaya Kama National Park	鞑靼斯坦共和国	1991	265.87
奥涅加滨海国家公园	Onezhskoye Pomorye National Park	阿尔汉格尔斯克州	2013	2 016.7
奥廖尔低地沼泽林国家公园	Orlovskoye Polesye National Park	奥廖尔州	1994	777.45
帕纳亚尔维国家公园	Paanajärvi National Park	卡累利阿共和国	1992	1 043.71
普列谢耶沃湖国家公园	Pleshcheyevo Ozero National Park	雅罗斯拉夫尔州	1997	237.9
内贝加尔国家公园	Pribaikalsky National Park	伊尔库茨克州	1986	4 173
佩什马河沿岸针叶林国家公园	Pripyshminskiye Bory National Park	斯维尔德洛夫斯克州	1993	490.5
厄尔布鲁士山国家公园	Prielbrusye National Park	卡巴尔达—巴尔卡尔共和国	1986	10 102
俄罗斯北极国家公园	Russian Arctic National Park	阿尔汉格尔斯克州	1986	14 260
俄罗斯北方国家公园	Russky Sever National Park	沃洛格达州	1992	1 664
萨马拉河湾国家公园	Samarskaya Luka National Park	萨马拉州	1984	1 340
赛柳格姆国家公园	Saylyugemsky National Park	阿尔泰共和国	2010	1 183.8
谢别日国家公园	Sebezhsky National Park	普斯科夫州	1996	500.21
尚塔尔群岛国家公园	Shantar Islands National Park	哈巴罗夫斯克边疆区	2014	2 500
绍里亚山国家公园	Shorsky National Park	克麦罗沃州	1989	4 180
斯摩棱斯克沿湖国家公园	Smolenskoye Poozerye National Park	斯摩棱斯克州	1992	1 462.37
斯莫尔尼宫国家公园	Smolny National Park	莫尔多瓦共和国	1995	365

续表

中文名称	英文名称	所在地区	始建时间 / 年	面积 /km²
索契国家公园	Sochi National Park	克拉斯诺达尔边疆区	1995	1 937.37
塔甘—艾国家公园	Taganay National Park	车里雅宾斯克州	1991	568
塔尔汉库特海角国家公园	Tarkhankut National Park	克里米亚共和国	1991	109
通卡国家公园	Tunkinsky National Park	布里亚特共和国	1991	11 836.62
乌德盖人传奇国家公园	Udegeyskaya Legenda National Park	滨海边疆区	1991	1 037.44
乌格拉国家公园	Ugra National Park	卡卢加州	1997	986
瓦尔代国家公园	Valdaysky National Park	诺夫哥罗德州	1990	1 585
沃德罗克特国家公园	Vodlozersky National Park	阿尔汉格尔斯克州	1991	4 280
尤格德—瓦国家公园	Yugyd Va National Park	科米共和国	1994	18 917
外贝加尔国家公园	Zabaykalsky National Park	布里亚特共和国	1986	2 690
豹地国家公园	Land of the Leopard National Park	滨海边疆区	2012	800
西伯利亚虎国家公园	Zov Tigra National Park	滨海边疆区	2007	833.84
久拉特库尔国家公园	Zyuratkul National Park	车里雅宾斯克州	1993	882

（7）南非

南非自然保护地体系共包括 12 个类别：科学保护区、荒野保护区、海洋保护区、国家公园和相当的保护区、跨界保护区、生物圈保护区、自然和文化纪念地、世界遗产地、栖息地和野生动植物管理区、保护的陆地和海洋景观、可持续利用区和湿地等（图 3-13）。

国家公园是南非自然保护地体系中最主要的一个组成部分，它包含了最重要的生态系统。南非于 1926 年建立了第一个国家公园，目前共有克鲁格国家公园等 22 个国家公园，总面积占南非陆地保护区的 53%。南非国家公园相关情况见表 3-13。

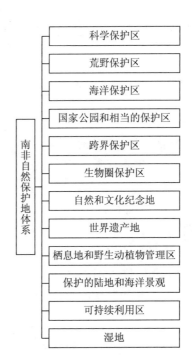

图 3-13　南非自然保护地体系

表 3-13   南非国家公园名录

中文名称	英文名称	建立时间/年	面积/km²
阿多大象国家公园	Addo Elephant National Park	1931	1 642.33
厄加勒斯国家公园	Agulhas National Park	1999	56.9
奥赫拉比斯瀑布国家公园	Augrabier Falls National Park	1966	416.76
南非大羚羊国家公园	Bontebok National Park	1931	27.86
肯迪布国家公园	Camdeboo National Park	2005	194.05
金门高地国家公园	Goldengate Highlands National Park	1963	116.33
花园大道国家公园	Garden Route National Park	2009	1 570
喀拉哈里跨境国家公园	Kgalagadi Transfrontier National Park	1931	9 591.03
卡鲁国家公园	Karoo National Park	1979	813.33
克鲁格国家公园	Kruger National Park	1926（1898）	19 623.62
马篷古布韦国家公园	Mapungubwe National Park	1989	53.56
马拉克勒国家公园	Marakele National Park	1993	507.26
莫卡拉国家公园	Mokala National Park	2007	196.11
山地斑马国家公园	Mountain Zebra National Park	1937	284.12
纳马夸国家公园	Namaqua National Park	1998	1 350
理查德斯维德国家公园	Richtersveld National Park	1991	1 624.45
桌山国家公园	Table Mountain National Park	1998	243.1
坦科瓦卡鲁国家公园	Tankwa Karoo National Park	1986	1 215.65
西海岸国家公园	West Coast National Park	1985	362.73
原野国家公园	Wilderness National Park	1985	106

（8）新西兰

新西兰自然保护地包括了国家公园、保护公园、荒野地、生态区域、水资源区域、各类保护区等多种类型，总面积达到 70 000 km²，约占其国土陆地面积的 1/3 和国土总面积的 10.7%（图 3-14）。

新西兰共有 14 处国家公园，其中 4 处位于新西兰北岛，9 处位于南岛，另 1 处位于离岛斯图尔特岛上。新西兰国家公园相关情况见表 3-14。

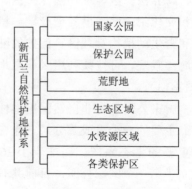

图 3-14   新西兰自然保护地体系

表 3-14   新西兰国家公园基本情况

中文名称	英文名称	所在位置	建立时间/年	面积/km²
尤瑞瓦拉国家公园	Te Urewera National Park	北岛	1954	2 127
汤加里罗国家公园	Tongariro National Park	北岛	1887	796

续表

中文名称	英文名称	所在位置	建立时间 / 年	面积 / km²
埃格蒙特国家公园	Egmont National Park	北岛	1900	335
旺加努伊国家公园	Whanganui National Park	北岛	1986	742
阿贝尔塔斯曼国家公园	Abel Tasman National Park	南岛	1942	225
卡胡朗吉国家公园	Kahurangi National Park	南岛	1996	4 520
尼尔森湖国家公园	Nelson Lakes National Park	南岛	1956	1 018
帕帕罗瓦国家公园	Paparoa National Park	南岛	1987	306
亚瑟隘口国家公园	Arthur's Pass National Park	南岛	1929	1 144
西部泰提尼国家公园	Westland Tai Poutini National Park	南岛	1960	1 175
奥拉基 / 库克山国家公园	Aoraki/Mount Cook National Park	南岛	1953	707
阿斯帕林山国家公园	Mount Aspiring National Park	南岛	1964	3 555
菲奥兰德国家公园	Fiordland National Park	南岛	1952	12 519
雷奇欧拉国家公园	Rakiura National Park	斯图尔特岛	2002	1 500

（9）欧盟 Natura 2000 自然保护地网络

欧盟 Natura 2000 自然保护地网络（以下简称 Natura 2000）是欧洲自然保护地建设和管理的成功经验和做法，其经验已被许多国家和地区认可并借鉴。研究并分析 Natura 2000 建立的背景、构成和成功经验，可以为我国自然保护地体系的建设提供参考。

1）Natura 2000 的建立背景：欧洲是世界人口密度第二大的地区，人口的不断增长使欧洲大陆物种及其栖息地面临较大威胁。基于《生物多样性公约》"到 2010 年显著降低全球生物多样性丧失速度"的目标，欧盟构建了 Natura 2000 自然保护地网络，覆盖了几乎整个欧洲大陆，是欧盟自然与生物多样性政策最为核心的部分之一，也是欧盟最大的环境保护行动。Natura 2000 在欧洲大陆建立了生态廊道，并开展相应的区域合作，以保护重要野生动植物物种、受威胁的栖息地以及物种迁徙的关键通道。据最新统计，Natura 2000 网络覆盖的面积约占欧盟成员国总领土面积的 18%（共计约 25 000 个保护地点），保护了超过 1 000 种动植物和 200 多个栖息地类型。Natura 2000 不仅是欧盟实现自然保护地统筹管理和系统规划的有效措施，也是生物多样性保护与和可持续利用的主要工具，同时也是将生物多样性纳入渔业、林业、农业、区域发展等其他欧盟政策领域的重要手段。

2）Natura 2000 的构成：Natura 2000 中的自然保护地主要由为保护鸟类而建立的特别保护区（欧盟《鸟类指令》，1979 年）和为保护其他物种和生境而建立的特别保护区（欧盟《栖息地指令》，1992）构成，包括国家公园、生物圈保护区、农耕地区和海域等。另外，Natura 2000 自然保护地网络还纳入了一些生物多样性丰富的私有土地。当非欧盟成员国的保护目标与 Natura 2000 目标一致的时候，欧盟还会与当事国共同制定一套保护自然栖息地和物种的通用办法。据 2009 年的统计，Natura 2000 覆盖的面积约占欧盟成员国总领土面积的 18%（共计约 25 000 个保护地点），保护了超过 1 000 种动植物和 200 多个栖息地类型。通过在所有 27 个欧盟成员国之间开展相应的区域合作，以保护重要野生动植物物种、受威胁的栖息地以及物种迁徙的关键通道，形成了欧盟自然和生物多样性政策的中心。

Natura 2000 自然保护地网络专门组建了欧洲生物多样性主体中心，总部设在法国巴黎。各成员国分别通过监测数据识别保护地点内物种和栖息地的保护现状，定期提交一个标准数据表，对国内每个自然保护地的生态状况进行详尽的描述。欧洲生物多样性主体中心则负责审核上报的数据，并建立一个全欧洲的表述性数据库。

Natura 2000 对该网络中的保护地点提出了 5 项关键管理要求，分别为：以知识和科学为基础的方法；长期规划；政策间的统一协调；相互合作；沟通和信息交流。

实际上，Natura 2000 并不完全禁止自然保护地内的人类活动，而是强调对保护地的可持续管理。各成员国必须对在 Natura 2000 保护地内开展的各项活动进行严格的环境影响评价。只有环评证明活动不会妨碍保护，项目才可以开展（图 3-15）。

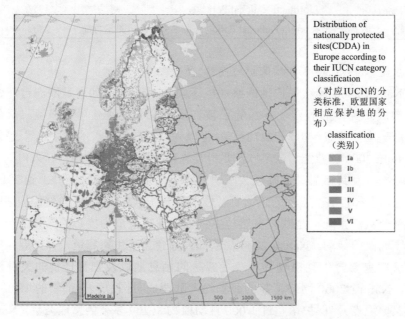

图 3-15　Natura 2000 保护地网络示意

3.2　全球保护地管理现状

保护地在地球资源利用与人类发展所面临挑战的应对上起到关键作用。应将人类、地球与保护地作为一个整体来进行规划，要从自然保护给人类带来的收益角度讨论保护对策。保护地是支持人类生存与健康的体系，具有维护全球生态平衡的作用。同时，保护地也是联系人类和地球命运的纽带，是可持续发展的途径。因此，加强全球保护地的科学规划和管理，构建科学合理的保护地体系，形成城市、陆地、海洋景观的保护地体系，扩大保护地规模与连接度，提高保护地生态服务能力，从而加强全球保护地的管理水平。

3.2.1　主要国家自然保护地管理现状

3.2.1.1　美国

（1）管理部门

美国各类自然保护地由不同机构管理，绝大部分归属内政部管理。其中国家公园体系由国家公园管理局管理、国家森林体系由国家森林署管理、国家野生动物避难所体系由渔业和野生动物管理局管理、国家景观保护体系由土地管理局管理、海洋保护体系由国家海洋与气象局管理，而国家荒野体系、原野风景河流体系、国家步道体系、国家纪念地体系和国家自然研究区由上述部门综合管理。

美国的国家公园隶属于美国内政部下的国家公园管理局。该机构负责管理所有美国国家公园、一些历史遗迹和其他具有不同名称的保护性或者历史性的资产。美国国家公园管理局位于华盛顿，另在安克雷奇、亚特兰大、莱克伍德、奥马哈、奥克兰、费城和西雅图 7 个地区设有区域办公室。

（2）土地权属

国家公园的土地权属可属于联邦、部落、州、地方、个人等。国家公园管理局首先确定哪些土地是非联邦所有，当联邦政府对公园内州政府所属土地和资源的获取要求没有可行性时，国家公园管理局将寻求与州政府合作的方式，以确保有效地保护公园土地和资源。同样，对土地所有者、其他联邦机构、部落、州和地方政府以及私人单位合作，管理国家公园的土地。

（3）管理法规

美国的法律体系自上而下包括五个层次，即宪法（Constitution）、成文法（Statute）、习惯法（Common Law）、行政命令（Executive Order）和部门法规（Regulation）。美国国家公园立法全面，有 24 部针对国家公园体系的国会立法及 62 种规则、标准和执行命令，各个国家公园还均有专门法，形成了较为完整的法律体系。概括而言，美国国家公园的法律体系可以分为以下几个层次：国家公园基本法以及各国家公园的授权法、单行法、部门规章及其他相关联邦法律。

1）基本法：1916 年美国国会颁布了《国家公园基本法》，它是国家公园体系中最基本、最重要的法律规定。随着美国国家公园体系的不断扩大和国家公园种类的日趋多样化，1970 年，美国国会修改了国家公园基本法。1978 年，美国国会再次修改了《国家公园基本法》，指出："授权的行为应该得到解释，应该根据最高公众价值和国家公园体系的完整性实施保护、管理和行政，不应损害建立这些国家公园单位时的价值和目标，除非这种行为得到过或应该得到国会直接和特别的许可"。

2）授权法：授权性立法文件是美国国家公园体系中数量最大的法律文件。每一个国家公园体系单位都有其授权性立法文件，这些文件如果不是国会的成文法，就是美国总统令。一般来说，这些授权法包括总统令都会明确规定该国家公园单位的边界，它的重要性以及其他适用于该国家公园单位的内容。由于是为每个国家公园单位独立立法，所以立法内容很有针对性，是管理该国家公园的重要依据，其中最有名且引用最多的授权法是《黄石公园法》。

3）单行法：美国国家公园的单行法体系主要有《原野法》《原生自然与风景河流法》《国家风景与历史游路法》。《原野法》于1964年通过，是适用于美国整个国家公园体系的成文法之一。《原生自然与风景河流法》于1968年开始实施。《国家风景与历史游路法》于1968年通过，目的是为了促进国家风景道路网络的形成。

4）部门规章：为有效管理国家公园，美国国家公园管理局根据《国家公园基本法》的授权制定了很多部门规章，这些规章同样具有法律效力。如果一项成文法清晰地指出国家公园管理局的权利与义务，而国家公园管理局的部门规章又很清楚地细化了成文法的相关内容，法院就会认可这些部门规章，同时国家公园管理局就可根据它管理国家公园体系。

（4）**经费支撑**

美国联邦保护体系的资金来源主要是政府拨款、个人和社区捐赠，且个人和社区捐赠是美国自然保护地体系的主要资金来源。

1）联邦政府：联邦政府拨款由主要土地管理部门（土地管理局、国家景观保护体系、鱼和野生动物管理局、国家野生动物庇护所、国家公园管理局、美国林务局）通过自助拨款和法定拨款形式发放，主要用来支付自然保护地及其管理机构的运营经费、人员工资和一些具有重要管理活动的花销。其中2009年总投入资金为125.3亿美元，约占美国联邦政府财政预算的0.3%；投入资金最多的为美国林务局，为59亿美元，占投入资金总额的47.2%。

2）非政府机构与私营企业捐助：美国的自然保护地体系也通过非政府组织和私营企业捐助的形式获得部分资金。其中2009年约有176家非政府组织，包括基金会、基金、协会、土地信托等为美国自然保护地体系提供资金支持。

3）州自然保护地体系资金机制：美国各州自然保护地购买与管理的资金主要来自《联邦政府协助恢复野生生物法案》（简称《皮特曼—罗伯逊法案》或P-R法案）和《联邦政府协助恢复垂钓鱼类法案》（简称《丁格尔—约翰逊法案》或DJ法案）的制定拨款。这两个法案制定的基金专门用于购买土地，建立野生动物和鱼类自然保护地。

4）私有自然保护地体系资金机制：美国私有自然保护地体系的主要资金来源包括：会员会费与捐款、政府基金、投资收益、土地售卖、土地捐赠和其他收益等。例如大自然保护协会的捐赠者由个人（25%）、赠予和遗赠（24%）、企业（5%）、基金会（43%）和其他机构（3%）构成。

美国国家公园的体系经费一部分来自政府拨款，近年来每年获得拨款数额约30亿美元。其经费预算分为两个主要部分，即可自由支配开支和强制性开支。其中可自由支配开支包括公园直接运营（包括资源管理支出、游客服务支出、公园保护支出、设施维护支出、公园支持支出和外部管理型话费等）和特殊用途两部分。此外，国家公园还接受与国家公园保护目标一致的个人、公司和非政府组织的捐赠。

3.2.1.2　加拿大

（1）管理部门

加拿大文化遗产部下公园局管理国家公园和国家海洋保护区，加拿大环境部下野生动植物保护局管理国家候鸟禁猎区和国家野生动植物保护区，国家首都委员会管理国家首都自然保护地。

（2）土地权属

加拿大自然保护地属于皇室土地，是联邦政府直接控制和管理的财产，若要新建保护地，则联邦政府必须首先和相关省份进行谈判，在达成土地权转让协议之后，才能开始筹备工作。

（3）管理法规

加拿大国家公园的法律法规体系较为完善。包括《加拿大国家公园法》《野生动物法》《濒危物种保护法》等诸多法律和《国家公园通用法规》《国家公园建筑物法规》《国家公园野生动物法规》等多部相关法规，并通过《加拿大国家公园管理局法》《加拿大遗产部法》等规范国家公园组织管理机构的运行。

（4）管理机制

加拿大国家公园实行垂直管理体制，国家公园的一切事物均由联邦遗产部国家公园局负责。国家公园局现有职员 4 300 多人，其中 80% 是联邦政府固定职员。为了管理好全国范围内的每一个国家公园，国家公园局总部设立在渥太华，且在新斯科舍、魁北克、马尼托巴、艾伯塔、不列颠哥伦比亚和育空 7 处设立了办事机构。加拿大建立国家公园有一套公平而完整的流程，这成为加拿大国家公园体系最大的特色。这一流程包括：选择具有代表性的自然区—确认可行的预定位置—可行性评估—协商—立法设立国家公园。

（5）经费支撑

加拿大国家公园的大多数资金来源于政府的投资。加拿大国家公园管理局根据当年的工作计划和多年的业务规划来安排年度预算。资金运作决策和员工实施计划通常由各个地区和公园自行制定。每年安排加拿大国家公园管理局预算至少 5% 的资金用于新公园的建立。公园收入直接上缴财政部，其下一年的预算由议会决定。对于省级公园，公园的运转经费大约有 50% 是筹集的，50% 来自州政府的财政拨款。在区域和地方层次，主要依靠公园和户外游憩的收入来达到经费的自给自足，大多数区域保护机构接近于收支平衡。

3.2.1.3　德国

（1）管理部门

德国的州或地方政府拥有国家公园管理权限；联邦政府环境、自然保护、建设与核安全部负责制定自然保护相关法规。目前德国各州的环境部门负责各类自然保护地的管理工作，联邦的食品、农业、森林部门以及州的林业和自然保护部、陆地开发和环境事务部也参与自然保护地的有关管理工作。

（2）土地权属

在德国，自然保护是地区或州政府的职责。大部分自然保护地都归地区和州政府所有，一些面积较小的自然保护区的土地权归社区或者私人所有。联邦政府不拥有土地，其作用只限于制定自然保护法规。

（3）管理法规

1987年《德国自然和景观保护法》规定可以成立自然保护区和国家公园等6种不同类型保护地的原则，没有规定符合这些原则的地区必须建立保护区。按《德国联邦自然保护法》（2002年）相关规定，自然保护工作由联邦政府与州政府共同开展，但联邦政府仅为开展此项工作制定框架性规定，管理工作决定权在州政府。基于联邦政府的框架性规定，各州成立保护地有着不同的具体做法，但都通过法律、法规形式予以固化，并将保护地建设和发展所需资金纳入州政府财政预算。

就国家公园而言，德国形成了联邦政府和州政府两级法律体系。在国家层面，联邦政府负责国家公园的统一立法，有关国家公园管理的最重要的法律是1976年颁布实施的《联邦自然保护法》，为各州管理国家公园制定了框架性规定。此外，联邦政府还出台了《联邦森林法》《联邦环境保护法》《联邦狩猎法》《联邦土壤保护法》等诸多相关法律，为国家公园的管理提供了坚实的保障体系。在各州层面，依据《联邦自然保护法》，各州根据自己的实际情况制定了自然保护方面的专门法律，即"一区一法"，且每个州的国家公园法律都对各自国家公园的性质、功能、建立目的、管理机构、管理规模等有着具体的说明。

（4）管理机制

国家公园和大部分面积较大的自然保护区都归地区或州政府所有，一些面积较小的自然保护区的土地权归社区或私人所有。

（5）经费支撑

德国国家公园资金来源主要以政府投入为主，原则上也是各级所有的国有林和国家公园由各级财政负责。国有林场在每年年底前做出第二年生产经营计划和相应的财务收支计划，经上级林业部门审核汇总后报联邦或州财政批准后执行，其支出缺口全部由财政安排。公园建成或开园后，每年由州财政根据公园保护管理的需要，下拨一定数额的经费，用于工作人员工资费用开支和一些建设保护项目的支出。另外，公园可接受一些社会捐赠。

以科勒瓦爱德森国家公园为例，其资金的主要来源渠道为黑森州政府的财政预算，主要为工作人员的工资和办公费用开支。社会捐助和公园有形无形资源的合理利用也是该公园的资金来源，如国家公园的发展与管理部与当地餐馆、木材加工企业合作，出售狩猎所获猎物和采伐所获木材，以获取部分资金。

3.2.1.4　日本

（1）管理部门

日本环境厅是全国环境管理的权威部门，负责管理自然公园及温泉和野生动物保护，还担负着全国范围内环境保护的综合管理职责。

（2）土地权属

日本国家公园内的土地存在着多种所有制（国家所有、地方政府所有、私人所有）和多种经济活动（农业、林业、旅游业及娱乐产业）。当民众认为应当对某一地区进行保护时，就建立了国家公园，在规划中并未涉及土地权属问题，无法保证公园土地国有，故采用分区制。国家公园由国家和土地所有者合作保护给管理带来了诸多障碍，20 世纪 70 年代以后，日本允许政府通过发放债券的形式实现部分土地国有化。

（3）管理法规

自然环境保护区依据《自然环境保全法》设立和管理，日本政府每 5 年对地形、地质、植被和野生动物，以及其他有关实施自然环境保护所应掌握的情报进行一次基础调查，即实行"自然环境保护基础调查"制度。同时，建立了以《自然公园法》（专门法）为核心的法律保障体系，也有相关的法律规则制度辅助《自然公园法》的实施。

日本的国家公园保护与管理主要基于《自然公园法》。该法案于 1957 年 6 月颁布实施，最新修订时间为 2013 年 6 月 1 日，包括总则、国立公园与国定公园、都道府县立自然公园、罚则以及附则等内容。其中国立公园与国定公园部分分别就公园的制度、公园计划、公园事业、保护及利用、生态系统维持与恢复事业、风景地保护协定、公园管理团体、费用以及杂则等做出了详细的规定。为保障《自然公园法》的实施，日本政府还颁布了《自然公园法施行令》《自然公园法施行规则》等配套法规。并于 2013 年 5 月出台了《国立公园及国定公园候选地确定方法》《国立公园及国定公园调查要领》等相关文件，同时颁布了《国立公园规划制订要领》等重要文件，包括国立公园规划制订要领，国立公园指定书、规划书以及规划变更书等制订要领，国立公园所在地区图与规划图制定要领，以及国立公园规划修改要领，国定公园指定及规划制订，都道府县自然公园指定及规划制订等。

（4）管理机制

原生自然环境保护区和自然环境保护区均由环境省（厅）长官依法指定。国立公园由环境省（厅）长官听取自然环境保全审议会（以下简称审议会）意见指定，是能够代表日本风景并具有非常出色的自然风光的一定区域，由国家实施管理。国定公园经都道府县申请，由环境省（厅）长官听取审议会意见指定，由相关都道府县实施具体的管理。都道府县立自然公园由都道府县知事根据该都道府县条例指定，由该都道府县管理。保护林根据保护自然环境的不同需要，由林野厅以国有林为对象设立了保护林及保存林制度。

（5）经费支撑

日本国家公园经营运转的经费主要来源于国家拨款和地方政府的筹款，国家公园是免收门票的，只有部分历史文化古迹和世界文化遗产等景点实行收费制。而公园内的公共设施如风景点、自然小路、露营点、游客中心、卫生间和其他服务设施等，是由国家环境省和地方共同提供，经费比例为 1∶2 或 1∶3。国家公园的清洁与美化方面，主要由地方政府、特许承租人、科学家、当地群众等组成的志愿队伍来承担，其所需经费由国家环境省、都道府县政府和地方企业共同承担，比例约各占 1/3。

3.2.1.5 澳大利亚

（1）管理部门

澳大利亚各州政府对其范围内的保护地管理起主要作用。除西澳大利亚外，其他各州都有一个国家公园管理处和野生动植物管理处。在西澳大利亚，虽然对国家公园和野生动植物的管理由土地管理保护部的不同部门来负责，但国家公园、自然保护区、海洋保护区被授权由国家公园自然保护管理处管理，由其负责制定管理计划及政策建议。澳大利亚国家公园和野生动植物局对土地管理的直接作用还没扩展到内部和外部地区。例如，大堡礁海洋公园，虽然依联邦法律授权由海洋公园管理处对公园进行全面控制，但公园的日常管理工作由州公园和野生动植物管理处来负责。

（2）土地权属

澳大利亚自然保护地主要由皇家土地组成，少部分来自私有土地。对皇家土地，政府拥有绝对的自主权，有权依法采取适当的保护和利用措施；对私有土地，政府主要通过法律手段进行规范，对购买和经营土地行为都有严格的法律规定。依法确立的土地权属有效减少了土地纠纷，为自然保护地的有效保护和合理开发利用奠定了良好的基础。

（3）管理法规

澳大利亚政府重视政策法规体系建设，这为自然保护地依法建设和管理提供了充分有效的政策和法律依据。联邦层面，相关政策主要有：《澳大利亚联邦政府湿地政策》《澳大利亚海洋政策》《生态可持续发展国家战略》《澳大利亚生物多样性保护国家战略》《国家杂草战略》《澳大利亚本土植被管理和监测国家框架》等。在联邦政府的示范带动和指导下，各州、领地也制定了很多保护政策，如各州、领地都相继制定了本辖区的湿地政策、生物多样性政策和遗产保护政策等。

环境、水、遗产和艺术部是联邦政府中负责自然保护地事物的主要部门。据统计，由该部牵头监督施行的法律法规有近 60 部。其中，《环境保护和生物多样性保护法》是澳大利亚政府环境法规中的核心法律，其对保护和管理具有国家或国际重要意义的植物、动物、生态群落及遗产地做出了明确规定，对自然保护地保护管理具有非常重要的意义。与之相配套的是《环境保护和生物多样性保护条例》。除了大量普适性的法规外，针对联邦政府直接管理的自然保护地，还出台了一些富有针对性的法规。比如针对凯恩斯的热带雨林区，颁布有《昆士兰湿热带地区世界遗产地保护法》；针对大堡礁海洋公园，颁布有《大堡礁海洋公园法》《大堡礁海洋公园条例》《大堡礁海洋公园环境管理许可证收费法》《大堡礁海洋公园环境管理普通收费法》和《大堡礁海洋公园水产养殖条例》等。享有独立立法权的各州、领地也根据本辖区实际，制定了很多区域性法规。如昆士兰州的相关法规有：《环境保护法》《环境保护条例》《自然保护法》《自然保护（管理）条例》《自然保护（保护地）条例》《自然保护（保护地管理）条例》《自然保护（野生动物理）条例》《海洋公园法》《海洋公园条例》《昆士兰遗产法》《昆士兰遗产条例》《休闲区管理法》《休闲区管理条例》《昆士兰国家信托基金法》等。它们与联邦法规一起，为自然保护地构建了极具操作性的完备的法规体系。

（4）管理机制

澳大利亚是一个联邦形式的国家，在联邦政府中设立有澳大利亚国家公园和野生生物管理局，负责全国有关自然保护方面的管理和国际交往活动，以及向各州提供必需的资金和协助指导自然保护方面的科研工作。各州都设对口机构，统一负责本州的自然保护工作，直接管理各类自然保护地。

（5）经费支撑

澳大利亚自然保护地的经费主要来自政府财政拨款，包括直接拨款和通过各种政府基金资助有关项目的款项。此外，企业、社会团体、环保组织和个人等的捐赠也为自然保护地提供了一定的支持。自然保护地的管理机构主要履行保护管理工作，并不直接参与资源的开发利用活动。旅游、休闲等活动的特许经营收入一般都按照收支两条线直接上缴政府财政。自然保护地以年度财政预算的方式向政府申请财政拨款，旅游收入与管理机构的可支配收入之间并无直接的比例关系。

澳大利亚通过建立了自然遗产保护信托基金制度，用于资助减轻植被损失和修复土地。在澳大利亚，国家公园事业被纳入社会范畴，每年国家投入大量资金建设国家公园，不以营利为目的。国家公园范围内的一切设施，包括道路、野营地、游步道和游客中心等均有政府投资建设。如在维多利亚州，国家公园每年预算 1.15 亿元，主要来源于政府财政拨款和市政税收，本身经营收入仅为 1 000 万元。

3.2.1.6　俄罗斯

（1）管理部门

俄罗斯环境管理部门经历了不同的几个阶段。从十月革命至 1972 年为形成阶段，该阶段的环境政策内容是保护自然资源，设置环境管理机构。苏联人民委员会 1938 年设置了自然保护区委员会。1955 年在苏联科学院设置自然保护委员会。1957—1968 年制定了联邦共和国自然保护法，设置联邦共和国自然保护国家委员会。自 1988 年后，设立国家自然保护委员会，至此，其自然保护管理迈向新的阶段。

（2）土地权属

依据《俄罗斯联邦宪法》规定，俄罗斯联邦土地权属存在 3 种形式，即国家所有、地方所有和私人所有。国家对国家级自然保护区及其内客体（如土地、水、矿产和动植物资源）拥有所有权，而对于国家公园、国家禁伐（禁猎、禁渔）区、自然遗迹区、森林公园和植物园等土地在个别情况下可设于为其他单位（或个人）使用或拥有的地段。而国家公园是唯一有权购买的单位，其资金可由联邦预算提供，或通过其他合法渠道筹集。同时《俄罗斯联邦特保自然保护区域法》规定"在国家级自然保护区内，可以划出某些地段，允许在其中进行局部的生产经营活动，但在这些地段内不能有需要保护的生态系统和生命个体，所进行的活动必须以保障国家级自然保护区内的正常运作和区内居民日常生活为目的，且必须依照该保护区已获批准的章程进行。"这一规定使得土地作为一种资源，可以合理地开发和利用，实现保护区土地的生态价值。

（3）管理法规

俄罗斯于 1995 年颁布实施了《俄罗斯联邦特别自然区保护法》，于 2016 年 7 月 3 日颁布了最新修订版本，是国家公园等自然保护区的主要法律依据。俄罗斯联邦环境保护和自然资源部会针对某个具体的国家公园的批准工作发布具体的行政命令。俄罗斯联邦环境保护和自然资源部会对国家公园的日常运行工作制定一些具体的条例，使公园日常运作有法可依，例如，楚瓦什共和国瓦尔玛聂国家公园联邦预算制度，该条例章程中包含了章程简介，章程的主题、目标，组织和管理机构，财产和金融保障机构等。

《俄罗斯特别自然保护区法》是特别法、非基本法，也是一部非常重要的实体法。该法律的第一章对特别自然保护区（分为国家公园、自然公园、自然遗址公园等）法的构成，保护区内各种资源使用的决定权，保护区的建立标准，保护区的分级以及国家公园的分级，保护区由哪些部门进行管理以及管理权力的授权转移等内容进行综述。虽然陈述的对象是特别自然保护区，范围大于国家公园，但是特别自然保护区中包含国家公园，因而同样适用于国家公园。该法律的第三章是专门针对国家公园的相关法律条款，内容包括国家公园的所属权归谁所有，国家公园的主要任务，建立和扩建国家公园由什么部门决定，国家公园内的区域划分和国家公园具体的管理等内容。该法律是由俄罗斯联邦立法机构颁布。虽然俄联邦下有很多联邦主体，但是这部法律适用于整个俄罗斯联邦，是调整俄罗斯联邦内自然资源法律关系的总纲。

（4）管理机制

俄罗斯特别自然保护区域为联邦级、地区级和地方级 3 个级别。联邦级特别自然保护区域为联邦所有，由联邦国家机关统一管理，其设立和运作等监督和管理由俄罗斯联邦政府和特别授权的国家环保机构负责实施。地区级特别自然保护区域为各联邦所有，由所在联邦机构统一管理，其设立和运作等方面的监督和管理由各联邦政府和特别授权的联邦环保机构负责实施。地方级特别自然保护区域为市、区所有，由所在市、区的地方自治机构管理，其设立和运作等方面的管理和监督由地方自治机构负责实施。

国家级自然保护区和国家公园属于联邦级特别自然保护区域。国家自然禁伐（禁猎、禁渔）区、自然遗迹区、森林公园和植物园、医疗保健区和疗养区等，可列为联邦级，也可列为地区级。联邦级和地区级的特别自然保护区域分别由俄罗斯联邦政府和各联邦政府机构设立。地方级特保自然区则应依照各联邦政府法律法规设立。

（5）经费支撑

俄罗斯联邦政府依据自然保护地类型的不同，其资金投入机制也不同。形成了以联邦政府拨款为主，经营活动创收为辅的资金机制。但俄罗斯政府对自然保护地的财政拨款只能维持其最基本的运行，另外地方生态基金组织和资金和环境罚款不足以补充自然保护地的预算。因此俄罗斯自然保护地另一资金的来源主要是商业企业的援助、国外 NGO 组织以及私人的捐助。

3.2.1.7　南非

（1）管理部门

1962 年，南非又制定了一部新的国家公园法，取代 1926 年的第 56 号法案，这项法案授予一个由国家总统任命的国家公园托管委员会以全面保护国家公园的权力。

（2）土地权属

1994 年南非民主选举之后，南非国会通过了《偿还土地权利法》，依据此法律，1913 年以来因《土著土地法》等种族歧视和隔离法律而失去土地的个人和社区可以提出偿还土地所有权的要求。这个法律使得目前南非保护地体系面临着双重土地权属的困扰。

（3）管理法规

南非的保护地体系较为复杂多样，其中有关的法律法规有《国家环境管理：保护区法》（2003 年）、《世界遗产公约法》（1999 年）、《海洋保护法案》、《国家公园法》（1976 年）、《国家环境管理：生物多样性第 10 号法案》（2004 年）、《1998 海洋生命资源法》、《国家森林法》（1998 年）和《高山盆地法》（1970 年）。

南非国家公园等自然保护地的管理有着很多相关和专门法律。主要的相关法律有宪法授权，南非国家公园管理机构 SANParks 的所有权利是由《南非共和国宪法》第二十四部分规定和授权的。专门法律包括《国家环境管理法》（*National Environmental Management Act*）（又被称为国家公园环境管理法）、《国家保护区域法律》（*PAA: Protected Areas Act*）、《国家保护区域政策》（*NPES:National Protected Areas Strategy*）、《海洋生物资源法》（*MIRA:Marine Living Resources Act*）等，多数公园的管理是被这些法律约束和规定的。同时，还有一些辅助性的法律法规如《生物多样性法令》（*Biodiversity Act*）、《环境保护法令》《湖泊发展法令》《世界遗产公约法令》《国家森林法令》《山地集水区域法令》《保护与可持续利用南非生态资源多样性白皮书》等。

（4）管理机制

在国家层面，环境事务和旅游部、水务和森林管理局、农业部、文化部、科学和技术部、健康部、贸易和工业部、南非国家公园管理局、国家植物协会共同负责自然保护地的相关法律和政策。由国家环境事务与旅游部负责特殊自然保护区、世界遗产地、海洋保护区的管理；南非国家公园管理局负责国家公园、荒野地的管理；南非国家植物协会负责植物保护区、植物花园的管理；海洋生命资源基金会负责海洋保护区的管理；圣路西亚湿地国家公园主管部门负责圣路西亚湿地国家公园；国家水体事务与林业部负责特别保护森林区、森林自然保护区、森林荒野地的管理；国家环境事务与旅游部授予管理权、适合的机构和个人共同管理自然保护区、保护的环境区、海洋保护区和高山盆地区。

在省级层面，各省的环境保护部门和农业部门以及水务和森林管理局分支机构负责一系列生物多样性保护的政策和法律的实施。省级层次上每个省都有各自的管理部门，如夸祖鲁—纳塔尔省野生动物局等。

（5）经费支撑

南非自然保护地体系资金主要来源于政府财政拨款，其次南非政府还积极创造确保自然保护地建设成本与自然保护地利益共享的机制，以及在自然融资机制上鼓励私营部门增加在自然保护地方面的投资。旅游发展项目对投资自然保护地的私营企业而言是极具潜力的激励机制。通过大力发展生态旅游，提供生态服务等活动，可以创造工作机会和吸引资金投入，减少政府投入自然保护地建设和运转的资金补贴。

3.2.1.8　新西兰

（1）管理部门

1987 年，保护部的成立标志着新西兰环境管理的重大变化，国家公园和其他受保护自然区域的管理职责由土地、森林和内务等各部部长移交给保护部部长。保护部下设地区机构，地区机构在地区范围内开展工作，国家公园职员向地区机构负责。

（2）土地权属

由于新西兰实行土地私有制，有些自然保护地建设在私人土地上，因而政府需要通过购买（当地人受雇于政府或义务参与管理）和联合保护经营（当地人在政府协助下进行自然保护地的管理和旅游）的方式与私人达成协议，进行自然保护地建设和管理。其中联合保护经营中，政府与当地人签订协议，虽然不购买，但土地不能进行毁灭性的开发建设，只能进行保护和适当的旅游开发，即公众直接参与自然保护地管理。此外，公众还可间接或自觉参与保护区的日常维护，或者通过对保护区管理层和游客进行监督的方式参与管理。

（3）管理法规

新西兰由国家保护部签署执行的自然保护地相关法案有：《保护法》《国家公园法》《海洋保护区法》《保护区法》《野生动物控制法》《野生动物法》等。此外，国家保护部还制定了两部管理方面的最高法定政策，即《保护总体政策》和《国家公园总体政策》，为各类自然保护地制定保护管理策略和保护管理规划等提供指导。

1980 年通过了新的《国家公园法》，于 1981 年 4 月 1 日生效，废止了 1952 年的法案。该法案从国家公园的内在价值以及公众的利益、使用与享受的角度对国家公园予以保护。该法案要求平衡"永久保护"与"公众进入与享用"之间的关系，实际上它更强调保护。法案介绍了现有国家公园的维持、新国家公园的建设以及对所有国家公园的管理。该法案还对原有有关国家公园的法律进行了整合与修订。该法案共包括以下几部分：国家公园的适用原则、新西兰保护局的职能、保护委员会的职能、行政问题、国家公园的管理、国家公园对犬类的管理、财务规定、违反法案的行为等。

（4）管理机制

新西兰自然保护地由国家保护部统一进行管理。保护部拥有自然保护地公共或通过赠予、购买等方式获得的土地所有权和管理权，其中包含 8.5 万 km^2 的陆地和 33 处海洋保护区，以及海洋哺乳动物保护区。保护部将新西兰国土划分为 11 个区域，称作保护区域，这 11 个区域涵盖所有国土面积，与新西兰的行政区划并不一致。在保护区域中有部分土地属保护部所有，即保护部负责其规划和管理，有部分土地为私人所有，保护部可以提出保护方面的建议。保护部设有 11 个区域办公室，分别负责每一区域的保护管理日常工作。每区域办公室下设不同的地区办公室和各自然保护地的管理机构。各级管理机构负责各自区域管理规划的编制。

（5）经费支撑

政府财政是新西兰国家公园生态保护资金的主要来源之一，每年预算投资高达 1.59 亿美元，专门用于国家公园生态管理和保护工作。新西兰政府也充分利用项目基金这一平台，通过它来保证全社会每一个公众对生态保护的关注与支持，如"国家森林遗产基金"等。此外，新西兰也通过与国外自然保护区广泛开展国际合作的方式来筹集资金。

新西兰实行特许经营制度，避免了重经济效益、轻资源维护的弊病。特许经营的收入主要用于投入国家公园的基础设施建设中，为公众提供更为便利的服务设施。特许经营既缓解了国家公园面临的巨大旅游压力，又满足了政府发展旅游、增添财政收入的需要。

3.2.1.9　欧盟 Natura 2000

得益于欧盟 Natura 2000 自然保护地网络的构建，欧洲的重要物种及生境遭到破坏和退化的状况已经基本停止，整体状况得到改善。同时，Natura 2000 还提供了广泛的生态系统服务功能，包括保护重要水源地、防洪和防止山体滑坡、碳存储 / 吸收、生态旅游、教育、景观和娱乐价值以及创造就业机会等。

通过各类自然保护地的统筹管理，实现保护地的高效运行。实际上，欧盟各成员国在立法、执法、行政、制度、民俗及国情等方面都具有一定独立性和差异性，协调、统筹管理并非易事。Natura 2000 能够高效运行的主要原因之一，是从对保护地的开始申报、筛选过程、采取管理与恢复措施，再到资金投入与信息交流，从观念、定位、计划到模式，都始终强调保护地网络的全局性、系统性与可持续性。

通过有效的法规，促进保护地的可持续管理。例如，针对物种的保护，Natura 2000 要求欧盟成员国应该采取必要的措施针对重点保护物种建立一个严格的保护体系，严格要求：

（1）禁止针对这些物种进行任何形式的故意捕杀；

（2）禁止对这些物种进行蓄意干扰，尤其是在物种繁殖期、哺育期、冬眠期及迁徙期；

（3）禁止进行故意破坏或摄取物种蛋类；

（4）禁止损坏或破坏物种繁殖地点或休息地等。

同时，Natura 2000 强调对保护地的可持续管理，允许开展通过环境影响评价的相关项目和活动，发挥自然保护地在科教、宣传、生态旅游等方面的服务功能。

加强科技支撑与科学评估，促进自然保护地的管理效果。Natura 2000 体现了科学管理的思想，科学家全程参与，并为每个过程制定了完善的操作程序，确保各项活动在科学的指导下进行。欧盟还特别指定欧洲生物多样性主题中心作为专门的技术支持机构，为决策和行动提供技术咨询和支持，形成了较完整的科技支撑体系。

3.2.2　与自然保护地管理有关的国际公约

目前，与自然保护地建设管理有关的国际公约主要包括《生物多样性公约》《联合国气候变化框架公约》《京都议定书》《保护世界文化和自然遗产公约》等。

（1）生物多样性公约

《生物多样性公约》（*Convention on Biological Diversity*）是一项保护地球生物资源的国际性公约，于1992年6月1日由联合国环境规划署发起的政府间谈判委员会第七次会议在内罗毕通过，1992年6月5日，由签约国在巴西里约热内卢举行的联合国环境与发展大会上签署。公约于1993年12月29日正式生效。常设秘书处设在加拿大的蒙特利尔。联合国《生物多样性公约》缔约国大会是全球履行该公约的最高决策机构，一切有关履行《生物多样性公约》的重大决定都要经过缔约国大会的通过。

（2）联合国气候变化框架公约

《联合国气候变化框架公约》（*United Nations Framework Convention on Climate Change*，简称《框架公约》，英文缩写 UNFCCC），是1992年5月9日联合国政府间气候变化专门委员会就气候变化问题达成的公约，于1992年6月4日在巴西里约热内卢举行的联合国环发大会（地球首脑会议）上通过。《联合国气候变化框架公约》是世界上第一个为全面控制二氧化碳等温室气体排放，以应对全球气候变暖给人类经济和社会带来不利影响的国际公约，也是国际社会在对付全球气候变化问题上进行国际合作的一个基本框架。

（3）京都议定书

《京都议定书》（*Kyoto Protocol*，又译《京都协议书》或《京都条约》；全称《联合国气候变化框架公约的京都议定书》）是 UNFCCC 的补充条款。于1997年12月在日本京都由联合国气候变化框架公约参加国第三次会议制定。其目标是"将大气中的温室气体含量稳定在一个适当的水平，进而防止剧烈的气候改变对人类造成伤害"。

（4）防止荒漠化公约

《联合国防治荒漠化公约》全称为"联合国关于在发生严重干旱和／或沙漠化的国家特别是在非洲防治沙漠化的公约"，1994年6月7日在巴黎通过，并于1996年12月正式生效。目前公约共有191个缔约方。公约宗旨是在发生严重干旱和／或荒漠化的国家，尤其是在非洲，防治荒漠化，缓解干旱影响，以期协助受影响的国家和地区实现可持续发展。

（5）保护世界文化和自然遗产公约

1972年11月16日，联合国教科文组织大会第17届会议在巴黎通过了《保护世界文化和自然遗产公约》（*Convention Concerning the Protection of the World Cultural and Natural Heritage*，以下简称《公约》）。《公约》主要规定了文化遗产和自然遗产的定义，文化和自然遗产的国家保护和国际保护措施等条款。《公约》规定了各缔约国可自行确定本国领土内的文化和自然遗产，并向世界遗产委员会递交其遗产清单，由世界遗产大会审核和批准。凡是被列入世界文化和自然遗产的地点，都由其所在国家依法严格予以保护。《公约》的管理机构是联合国教科文组织的世界遗产委员会，规定缔约国均承认，"本国领土内的文化和自然遗产的确定、保护、保存、展出和遗传后代，主要是有关国家的责任。该国将为此竭尽全力，最大限度地利用本国资源，必要时利用所能获得的国际援助和合作，特别是财政、艺术、科学及技术方面的援助和合作"，各缔约国不得故意采取任何可能直接或间接损害本公约领土内的文化和自然遗产的措施。

（6）濒危野生动植物物种国际贸易公约

《濒危野生动植物物种国际贸易公约》（又称华盛顿公约）于 1973 年 6 月 21 日在美国首都华盛顿签署，所以又称华盛顿公约，1975 年 7 月 1 日正式生效。至 1995 年 2 月共计有 128 个缔约国。华盛顿公约精神在于管制而非完全禁止野生物种的国际贸易，公约用物种分级与许可证的方式，达成野生物种市场的永续利用。该公约管制国际贸易的物种，可归类成三项附录。附录一的物种为若再进行国际贸易会导致灭绝的动植物，明确规定禁止其国际性的交易；附录二的物种则为目前无灭绝危机，管制其国际贸易的物种，若仍面临贸易压力，族群量继续降低，则将其升级入附录一。附录三是各国视其国内需要，区域性管制国际贸易的物种。

（7）关于特别是作为水禽栖息地的国际重要湿地公约

为保护全球湿地以及湿地资源，1971 年 2 月 2 日来自 18 个国家的代表在伊朗拉姆萨尔共同签署了《关于特别是作为水禽栖息地的国际重要湿地公约》（以下简称《湿地公约》，又称《拉姆萨尔公约》）。《湿地公约》确定的国际重要湿地，是在生态学、植物学、动物学、湖沼学或水文学方面具有独特的国际意义的湿地。《湿地公约》已成为国际上重要的自然保护公约，受到各国政府的重视。为纪念公约诞辰，1996 年 10 月公约第 19 届常委会决定将每年 2 月 2 日定为"世界湿地日"。截至 2014 年 1 月，公约缔约国已达 168 个，共有 2 171 块湿地被列入国际重要湿地名录，总面积约 2 亿 hm^2。我国自 1992 年加入湿地公约以来，现已指定国际重要湿地 49 块，总面积 405 万 hm^2。《湿地公约》致力于通过国际合作，实现全球湿地保护与合理利用，是当今具有较大影响力的多边环境公约之一。

（8）联合国海洋法公约

联合国海洋法公约（*United Nations Convention on the Law of the Sea*）指联合国曾召开的三次海洋法会议，以及 1982 年第三次会议所决议的海洋法公约。在中文语境中，"海洋法公约"一般是指 1982 年的决议条文。此公约对内水、领海、临接海域、大陆架、专属经济区、公海等重要概念做了界定。对当前全球各处的领海主权争端、海上天然资源管理、污染处理等具有重要的指导和裁决作用。

3.2.3　参与和推动自然保护地建设管理的国际组织

近几十年来，随着科学技术的发展和人类活动的加剧，环境污染等全球性问题不断凸显，引起了国际社会的极大关注。在此背景下，一种世界性现象——非政府组织——"在地方、国家或国际级别上组织起来的非营利性的、自愿公民组织"（Non-Governmental

Organizations, NGOs）的蓬勃发展最为抢眼。非政府组织在许多国家被视为介于政府和企业之间的"第三部门"，对社会发展的推动和影响力比肩政府和企业，同时还具有国家、政府和政府间组织难以企及的公益优势、知识优势和机制优势等。这使其在国际社会中扮演着压力集团、宣传鼓动者、思想库、信息提供者、合作伙伴、资金提供者等多种角色，从而改变了国际社会成员的纯官方性质，促进了国际事务决策的民主化和透明度。20 世纪末期以来，非政府组织作为国际环保事业的重要参与者，在国际舞台上更加引人注目，在国际自然保护地建设管理领域更是扮演着相当重要和活跃的角色，对全球自然保护地的发展和实施起到了不可替代的作用。现就主要国际组织进行简要介绍。

（1）世界自然保护联盟（International Union for Conservation of Nature，IUCN）

该组织历史悠久，1948 年成立于瑞士格兰德，是政府及非政府机构都能参与合作的少数几个国际组织之一。由全球 81 个国家、120 位政府组织、超过 800 个非政府组织、10 000 个专家及科学家组成。该组织共有 181 个成员国，实际工作人员已超过 8 500 名。组织每 3 年召开一次世界自然保护大会（World Conservation Congress）。IUCN 旨在影响、鼓励及协助全球各地的社会，保护自然的完整性与多样性，并确保在使用自然资源上的公平性，及生态上的可持续发展。

（2）世界自然基金会（World Wide Fund for Nature or World Wildlife Fund，WWF）

WWF 是在全球享有盛誉的、最大的独立性非政府环境保护机构之一，在全世界拥有将近 500 万支持者，是一个在 90 多个国家活跃着的网络。WWF 的使命是遏止地球自然环境恶化，创造人类与自然和谐相处的美好未来，保护世界生物多样性，确保可再生自然资源的可持续利用，推动降低污染和减少浪费性消费。该组织的标志为大熊猫。

（3）全球环境基金（Global Environment Facility，GEF）

全球环境基金是 1990 年联合国发起建立的国际环境金融机构。基金由联合国开发计划署、联合国环境规划署和世界银行管理。基金的宗旨是以提供资金援助和转让无害技术等方式帮助发展中国家实施防止气候变化、保护生物物种、保护水资源、减少对臭氧层的破坏等保护全球环境的项目。全球环境基金的执行机构是联合国开发计划署、联合国环境规划署和世界银行。联合国开发计划署负责设施的建造、目标研究、投资前的工作以及技术援助。自 1991 年启动以来，GEF 已通过 1 000 多个项目，向 140 多个发展中国家和经济转型国家提供了大约 40 亿美元赠款，并从各种渠道吸引了 120 亿美元的项目融资。2002 年 8 月，32 个捐资国保证，在随后 4 年内，向 GEF 提供近 30 亿美元用于 GEF 活动。

（4）大自然保护协会（The Nature Conservancy, TNC）

大自然保护协会是 1951 年成立的全球最大的国际自然保护组织之一，总部在美国华盛顿。协会致力于在全球范围内保护具有重要生态价值的陆地和水域，以维护自然环境、提升人类福祉，坚持采取合作而非对抗性的策略，用科学的原理和方法来指导保护行动。TNC 注重实地保护，遵循以科学为基础的保护理念，在全球围绕气候变化、淡水保护、海洋保护以及保护地四大保护领域，首创"自然保护系统工程"（Conservation

By Design，CbD）方法，甄选出优先保护区域，因地制宜地在当地实行系统保护。TNC 提供注重实效、非对抗性的解决方案，融入项目地社区之中，应对各种自然保护问题，是众多公共、私人组织可信赖的顾问和合作伙伴。同时，协会关注全球性的重大环境问题，与世界银行、联合国以及生物多样性公约等机构进行合作，力争取得影响深远的保护成效。TNC 在我国探索国家公园建设初期发挥了重要作用。

（5）国际绿色和平组织（Greenpeace）

国际绿色和平组织简称绿色和平（Greenpeace），是国际非政府组织，前身是 1971 年 9 月 15 日在加拿大成立的"不以举手表决委员会"，1979 年改为绿色和平组织，总部设在荷兰阿姆斯特丹。绿色和平组织宣称其使命为："保护地球、环境及其各种生物的安全及持续性发展，并以行动做出积极的改变。"无论在科研或科技发明方面，绿色和平组织提倡有利于环境保护的解决办法，宗旨是促进实现一个更为绿色，和平和可持续发展的未来。在此后的 30 多年里，绿色和平组织逐渐发展成为全球最有影响力的环保组织之一。该组织继承了创始人勇敢独立的精神，坚信以行动促成改变。同时，通过研究、教育和游说工作，推动政府、企业和公众共同寻求环境问题的解决方案。绿色和平组织在中国的环保项目包括气候与能源项目——致力于减缓由燃烧煤、石油和天然气等化石燃料造成的气候变化，还有致力于消除有毒污染物的污染防治项目、森林保护项目等。

（6）地球之友（Friends of the Earth International）

在香港特别行政区创立的地球之友是著名的环境非政府组织之一。与其他环境组织一样，地球之友近年来也改变了就环境问题谈环境的做法，转而将环境问题与社会问题及发展问题联系起来，既扩大了活动领域，也扩大了影响。自 1983 年成立以来，"地球之友"曾经走过一段艰辛的路。在香港的超级物质主义的大潮流下，"地球之友"仍然坚守使命，捍卫公众利益，维护环境公义，不屈不挠地推动环保，反对扩充发电厂、滥用杀虫剂、侵占郊野土地，关注过度消费、城市空气污染、水质污染、填海和环境管理失误等问题。

第 4 章   国外自然保护地建设管理的经验和教训

工业革命以来，人类对大自然进行了掠夺式开发，生态环境的破坏日趋严重，影响了人类自身的生存和可持续发展。为有效保护生态环境和自然资源，世界各国都十分重视自然保护地的建设与管理。从 1872 年至今，自然保护地的建设从单一的"国家公园"概念发展到"自然保护地体系"，从美国一个国家发展到世界上 193 个国家和地区，从发达国家逐渐推广到发展中国家。特别是 1972 年斯德哥尔摩环境大会以后，各类自然保护地的数量和面积迅速增加。各国保护地的体系组成不同，内涵也不相同，这些自然保护地在形成和发展过程中，形成了特有的管理方式和管理机制，为接下来开展自然保护地管理的科学研究提供经验和借鉴。

4.1   建设与管理经验

目前，大多数国家均已建立了各自的自然保护地体系，并在发展过程中逐渐形成了自然保护地管理机制、法律法规保障机制、资金投入机制等，为进一步规范和推进自然保护地管理提供相关经验和参考。

4.1.1   建立自然保护地的首要目的都是为了保护生态环境

虽然各国国情不同，自然保护地的发展历程、体系组成、设立标准、管理要求和保护强度也不尽相同，但设立自然保护地的首要目的都是保护生态环境、生物多样性和自然资源，维护典型和独特生态系统的完整性免遭破坏。例如，俄罗斯《联邦特别自然保护区域法》（1995）明确了自然保护区、国家公园、自然公园、自然遗迹地等特别自然保护区域是具有环境保护、科学研究、文化、美学、疗养和健身等功能的资源区域，即俄罗斯所有自然保护地的首要管理目标是生态环境保护。根据《国家环境管理：保护地法》（2003），南非设立的科学保护区、荒野保护区、海洋保护区、国家公园等12 类保护地均是为了保护本国生物多样性代表性区域、自然景观和海景，保护区域生态的完整性。

4.1.2 　很多国家都建立了科学的自然保护地体系

目前，全球已有近 200 个国家和地区结合本国或本地区生态环境特点，建立了各自的自然保护地体系。如加拿大自然保护地体系包括国家公园、国家海洋保护区、国家野生动植物保护区、国家候鸟禁猎区、加拿大遗产河流系统保护区、国家首都保护地六种类型。德国自然保护地分为自然保护区、国家公园、景观保护区、自然公园、生物圈保护区、原始森林保护区、湿地保护区、鸟类保护区 8 种类型。意大利自然保护地分为国家公园、区域间的自然公园、自然保护区、湿地及国际重要地区、其他自然保护地、潜在陆地和海洋保护区域六种类型。日本自然保护地体系仅包括自然保护区、自然公园和森林保护区三大类型。美国的自然保护地体系主要包括国家公园系统、国家荒野保护系统、国家森林（包括国家草原）系统、国家野生动物庇护系统、国家景观保护系统、海洋保护区系统、国家原野与风景河流系统等 11 个系统，140 多种类型。

4.1.3 　一个部门统一管理自然保护地已成为趋势

各国政体不同，但都建立了适合自己国情的自然保护地管理体制。除美国等少数国家自然保护地体系仍由多个部门分工负责管理外，大部分国家已经过渡到由一个部门负责管理。由一个部门管理自然保护地，便于统一立法、统一规划、统一权责，提高了保护成效。国际上，由环境部门负责自然保护地管理是近年来的主流和趋势。如1987 年德国通过《自然和景观保护法》规定德国联邦环境、自然保护及核安全部具体负责制定自然保护区、国家公园等自然保护地的法律框架，建立管理标准；英国建立了直接受环境部长领导的"自然保护委员会"负责自然保护地的管理；1971 年以前，日本的国家公园体系归卫生福利厅进行管理，1971 年成立的环境厅（2001 年改组为环境省）依据《自然保护法》建立并管理原生自然环境保护区、自然环境保护区等保护地，并代替卫生福利部对国家公园进行管理。韩国在 1993 年以前，环境厅、海洋水产部、建设交通部、山林厅等分别负责陆地、海洋、城市公园、森林范围内的自然生态保护，包括自然保护区的管理，1993 年成立环境部后，自然生态保护包括自然保护区的管理工作逐渐统一划归环境部负责。意大利1986 年通过第349 号法律，规定意大利国家公园、自然保护区等生态环境保护的管理职能由新成立的国家环境部来承担。俄罗斯、澳大利亚、巴西、南非、印度、芬兰、瑞典、泰国等国家也都由环境部门负责自然保护地管理。

4.1.4 　建立了相对完善的法律体系，保障自然保护地保护与管理

世界各国都建立自然保护地法律体系，如美国涉及自然保护地体系的基本法包括《国家公园基本法》《自然保护区法》《国家环境政策法案》《联邦濒危物种法案》《联邦咨询委员会法案》和一些专门的法律。俄罗斯的《联邦特别保护自然区域法》全面规

范了俄罗斯特别自然保护区域的建设和管理工作。德国针对自然保护地的《自然和景观保护法》、日本针对自然保护区的《自然环境保全法》和针对国家公园的《自然公园法》以及《森林法》、加拿大的《国家公园法案》和《加拿大野生动植物法案》等都为本国自然保护区、国家公园等自然保护地管理提供了法律保障。欧盟 Natura 2000 自然保护网络依据《栖息地指令》和《鸟类指令》对 27 个成员国的保护区域进行统筹规划、约束和管理，各国自然保护地的管理程序、职责和保护要求均受上述法律约束。

4.1.5   建立了相对完善的资金保障机制，发挥公益性

发达国家均把自然保护地作为公益性事业，管理人员为国家公务员或参照国家公务人员管理，管理资金由政府预算提供。如美国国家公园均按照政府公务员管理，其全部人员经费和大部分保护管理经费均由国会统一划拨，其他类型的保护地则由国会划拨或各州财政支付，部分保护经费来源于经营收入及各类赞助和资助。英国政府投入约占自然保护地总运行经费的 75%，其他经费则来源各种机构、团体及私人。日本国家公园经营运转的经费主要来源于国家拨款和地方政府的筹款，不允许国家公园管理部门下达经济创收指标。德国国家公园资金主要来源渠道为州政府，工作人员工资、基本管理费用和管理评估费用纳入政府财政预算。从单位面积财政经费投入看，对国家公园投入较高的是美国和英国，分别为每年每平方千米 9 523 美元和 4 000 美元，日本约为 3 300 美元，新西兰约为 2 200 美元。虽然各国对国家公园的总预算和单位面积投入有差异，但均以国家或地方政府预算投入为主，私人募捐等其他方式为辅，门票收入所占比例较小，且均不以营利为目的或辅助手段。

4.1.6   土地和自然资源权属清晰

为有效保护和管理自然保护地内重要生态环境和自然资源，大部分国家自然保护地的土地都是国有或联邦政府所有，即使含有私有土地也要通过赎买、捐赠、补偿协议等形式实现国有化或用途管制。美国国家野生动物避难所、国家公园、国家景观保护地等自然保护地的土地权属大部分为联邦政府所有，私有土地则通过联邦土地置换、政府购买等方式"国有化"。俄罗斯国家自然保护区、国家公园内的土地、水、矿产和动植物资源归国家使用（占有）。加拿大宪法规定国家公园的土地必须属于联邦政府所有，省属土地可通过协商，将土地所有权转交到联邦政府，对于私有土地则通过置换和购买达到对国家公园内土地权属的公有化。根据 1949 年制定颁布的《国家公园与乡土利用法》，英国政府将管理契约制度引入保护区的管理中，即在保护区建立前，管理部门应当与土地所有者或使用人就土地利用形式进行协商，要求土地所有者或使用人以符合自然保护要求的方式经营和管理土地，土地利用方式改变须经过公园或自然保护区管理部门核准方可执行。德国国家公园、生物圈保护区和自然公园等保护地依据法律在联邦、州和社区公有土地上建立，保护地内的私有土地可通过购买或补偿的形

式纳入统一管理。非洲大部分国家的国家公园或重要保护地土地权属也是主要归政府所有。日本自然保护地的大部分土地权属归国家所有，小部分私有土地也是通过购买、置换和用途管制与补偿协议获得土地管理权。

4.1.7　尝试通过管理与经营主体分离的方式来平衡保护和开发的矛盾

大多数保护地在保护其丰富的自然资源时，都会遇到保护与开发之间的矛盾，若想达到保护地长期可持续保护和发展的目的，采取保护地管理与经营分离的方式可在一定程度上解决问题。保护地管理机构负责生态环境和自然资源的管护，开发利用由另一个主体负责，管理权和经营权分离，管理者和经营者是监督与被监督的关系。国际上对自然保护地的开发利用采取特许经营的机制。开发强度、范围、方式和时限要完全符合有关法律法规规定。特许经营权要通过市场竞争机制来获得。如美国的国家公园采取了管经分离和特许经营的模式，自然文化遗产的保护与管理由国家公园管理局负责，公园的餐饮、住宿等旅游服务设施则通过公开招标，确定特许经营单位。

4.2　建设与管理教训

国外自然保护地在体系建设、管理机制以及开发利用方面也走过一些弯路，认真吸取这些教训，可以为完善我国自然保护地体制提供有益参考。

4.2.1　也曾出现多部门管理，造成管理混乱

许多国家曾经存在多部门管理不同类型自然保护地的状况，给自然保护地管理造成了一定的混乱。如新西兰的自然保护地最初由土地、森林、野生动物管理部门和环境委员会依据《国家公园法》分别管理，造成土地开发、森林采伐、野生动物狩猎等与自然保护矛盾激化，并引起了公众的不满。为理顺保护与开发的关系，更好发挥自然保护地的保护功能和社会价值，1987 年新西兰依据《保护法》成立了保护部，统一管理所有自然保护地，提高了自然保护地的保护成效。日本国家公园最初由卫生福利厅管理，自然环境保护区、固定鸟兽保护区、栖息地保护区等自然保护区则由农林部门管理，同样造成不同类型保护地空间重叠，部门职能交叉，管理效率低下，保护与开发矛盾频发，为扭转这种状况，1971 年日本成立环境厅（2001 年改组为环境省）后，将国家公园和所有自然保护区划归环境厅统一管理。苏联自然保护地由多部门管理，包括国家计委、国家科委、农业部、渔业部、地质部、农垦水利部、公共卫生部、水文气象委员会、林业委员会等十多个部委都具有不同的管理权限。1991 年俄罗斯成立了自然资源和环境部，依据后来颁布的《联邦特别自然保护区域法》，对自然保护地体系进行管理。美国在有关保护地法律法规较为完善的情况下，多部门管理也造成了同一保护地存在多个名称和多个管理目标，如一些荒野保护地也被命名为其他类型的保

护地而被多个部门管理。

4.2.2 保护地类型繁多增加，有效管理难度大

有些国家自然保护地体系庞大，造成自然保护地类型繁多、数量大，使一些管理措施难以实施。加拿大虽然由一个部门管理自然保护地体系，但庞大的自然保护地体系也给管理带来较大的压力，目前加拿大自然保护地体系包括国家公园、国家海洋保护区、国家野生动植物保护区、国家候鸟禁猎区、国家首都保护地和遗产河流系统，每个系统又分为不同的类型，分类的标准也不尽相同，造成管理的混乱，同时庞大的体系建设与管理所需的巨额资金给财政支出造成了巨大的压力。

4.2.3 存在资源过度利用的情况，一定程度上影响了保护成效

建立自然保护地是为了更好地保护生态环境和自然资源，尽管目前全球建立了 20 多万个保护地，但由于一些国家没有处理好保护与开发利用的关系，使一些保护地保护成效欠佳。2014 年第六届世界公园大会报告指出 1970—2010 年地球生命力指数下降了 52%，其中陆生物种减少了 39%，淡水物种平均下降了 76%，海洋物种减少了 39%。南美亚马逊地区由于伐木、非法采矿以及农业种植等过度开发行为，造成该地区几乎每天消失一个物种，对生物多样性和生态环境造成严重破坏。近几年，该地区的几个国家也纷纷制定法律、采取扩大保护地范围等措施加强保护。巴西 2006 年政府颁布了《亚马逊地区生态保护法》，哥伦比亚将自然保护区范围扩大两倍多，超过 2.8 万 km^2。日本国家公园建立之初，一些国家公园土地权属属于私人所有，因没有相应的法律法规和经济补偿，使一些私人土地过度开发利用，造成国家公园内水土流失加剧，许多生物的栖息地退化和丧失，严重影响一些珍贵生物的生存、繁衍，受到社会的广泛关注，以致政府不得不对国家公园内的私人土地采取国有化措施或用途管制，控制企业化经营，降低商业活动的不良影响，使国家公园等保护地成为区域和国家生态环境和自然资源重要保护形式。美国在自然保护地管理中也走过不少弯路，如其国家公园发展早期为满足游客需求，餐饮、住宿、河流运营等活动不断增加，且不断地追求高档和豪华，破坏了国家公园内的景观完整性和自然原野状态，对生态环境造成较大破坏，20 世纪 70 年代，美国国家公园的资源过度利用的行为才得到有效遏制。

4.2.4 部分国家存在自然资源所有权不清，造成环境执法困难

环境立法和执法是实现自然保护区内自然资源科学有效管理的基础。应明确相关法律规定，在环保实践中，不断完善法律措施，试图实现环境保护与管理的协调统一。例如，俄罗斯在自然保护地管理过程中就经历过环境执法困难，通过改革原苏联环境行政管理体制来强化其自然资源保护的过程。具体为：其原环境行政管理体制是以环

境保护与自然资源部为核心，由水文气象和环境监测局、卫生防疫监督国家委员会、水利委员会、渔业委员会、土地资源和土地规划委员会、林业局、地质地下资源委员会等行政部门管理，其责任不清，管理不清。2000 年后，俄罗斯政府决定将联邦国家环保局和国家林业局并入自然资源部，强化国家对自然资源的所有权，从而更好地适应经济可持续发展对自然资源合理开发利用以及生态安全的要求，俄罗斯自然资源的管理也逐步由分散趋于统一。

第5章 中国自然保护地体制改革的总体思路

中共十八届三中全会提出了"建立国家公园体制"以后，中国掀起了新一轮"国家公园热"，许多学者研究和探讨了国家公园体制建设与我国自然保护地体制的关系，国家公园体制建设面临的问题以及如何解决问题。不同研究领域的科学家秉持的观点各不相同，但大部分学者认为国家公园体制改革是我国自然保护地体制完善的一个契机，目的是要解决我国当前自然保护地体系面临的一些问题。

由此，要建立科学的国家公园体制，就必须首先理清我国的自然保护地体制，清晰准确地认识当前我国自然保护地体制的现状，建设与发展面临的问题，如何解决问题等。那么，我国当前的自然保护地体制是什么状况呢？首先，我们必须清楚什么是"体制"，什么是"中国的自然保护地体制"？"体制"是指一定的组织管理方式，"中国自然保护地体制"是指我国的自然保护地体系，以及基于这种自然保护地体系的有关组织管理模式。

5.1 我国自然保护地体系顶层设计方案

如本书第1章所述，我国的自然保护地有12类，其中，大部分自然保护地还划分为不同的级别，如国家级、省级、市县级等。不同的自然保护地有不同的建设及管理部门、不同的建设目的、不同的管理依据、不同的审批机关、不同的管理体制。这些不同，造成了我国当前自然保护地体系面临的体系不清、交叉重叠、割裂生态系统的完整性、多头管理、权责不清、保护与开发利用的矛盾等诸多问题。

中共十八届三中全会提出建立国家公园体制后，在这样的历史背景下，我国许多学者对我国自然保护地体系及管理体制进行了分析探讨，并有针对性地提出了我国自然保护地体系构建的建议。有学者认为应基于现有的自然保护地体系，增设国家公园，而增设的国家公园生态系统价值、审美价值方面具有国家代表性，这里的审美价值主要是指自然山水审美或风景审美价值；国家公园同时也可能在物种多样性价值、地质遗迹价值、历史文化价值方面具有很高的地位。在自然保护地体系中，国家公园是那些价值最高、资源最丰富，能为访客提供最佳体验的保护地。每一处国家公园都应是多种类型资源的综合体、多种价值的集合体。风景名胜区代表了我国最高级别的"人与自然的融合"，风景名胜区与国家公园一起，共同代表了我国"最美"的那些地方。而自然保护区则以保护物种及其栖息地为主要目标。而也有部分学者认为，推动国家公园体制建设，是为了整合我国当前的自然保护地体系，解决当前保护与开发利用的矛盾，在保护的前提下，适当开发利用一些自然保护地，以便为当代人提供科研、游憩服务，带动区域经济发展。

如何科学有效地解决当前我国自然保护地体制面临的问题，推进我国自然保护地体制改革，需借鉴国际上自然保护地体制建设的成功经验，吸取主要国家自然保护地体制建设的教训。

从生态系统的整体性保护出发，结合我国国情，充分考虑"山水林田湖是一个生命共同体"的基本要求，参照国际经验，针对当前我国自然保护地体制面临的问题，完善我国自然保护地体制需做好以下 3 个方面：一是对我国自然保护地体系进行顶层设计；二是改革完善自然保护地体系的行政管理体制；三是建立健全自然保护地体系管理制度。

我国自然保护地体系顶层设计遵循综合生态系统管理思想，按照功能定位、管理目标和保护强度对自然保护地进行分类，改变过去按照生态要素和行业进行分类的模式（专栏 5-1）。

专栏 5-1　综合生态系统管理

综合生态系统管理 (IEM，integrated ecosystem management)，是指管理自然资源和自然环境的一种综合管理战略和方法，它要求综合对待生态系统的各组成成分，综合考虑社会、经济、自然（包括环境、资源和生物等）的需要和价值，综合采用多学科的知识和方法，综合运用行政的、市场的和社会的调整机制，来解决资源利用、生态保护和生态系统退化的问题，以达到创造和实现经济的、社会的和环境的多元惠益，实现人与自然的和谐共处。

5.1.1　自然保护地体系框架及整合建议

（1）方案一：自然保护区 + 国家公园 + 其他各类保护地

如前文所述，我国现行的自然保护地体系中的自然保护地管理部门较多，虽然所有自然保护地都有自然生态保护的功能，但建设自然保护地初期，根据其建设目的，自然保护地归属不同的管理部门，其在建设管理过程当中也各有侧重点，且我国各类保护地数量多，涉及的部门多，管理目标各不一致，因此，在充分考虑自然保护地的功能属性及现行的管理特征的情况下，构建"自然保护区 + 国家公园 + 其他各类保护地"的自然保护地体系，如图 5-1 所示。

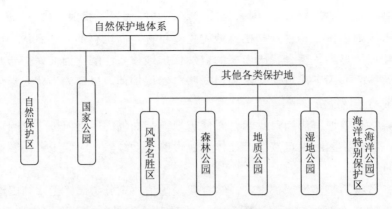

图 5-1   我国自然保护地体系示意图（方案一）

该方案中自然保护区指对有代表性的自然生态系统、珍稀濒危野生动植物物种的天然集中分布、有特殊意义的自然遗迹等保护对象所在的陆地、陆地水域或海域，依法划出一定面积予以严格保护和管理的区域，由国家层面统一管理，是我国自然保护地体系中最严格的类型，具有保护、科研及宣教等功能。

国家公园是指为了保护具有典型性、代表性、稀有性的生态系统，重要生态功能区，以及具有重要科学、美学和文化价值的自然遗迹和景观，按照自然地理单元依法划定的予以特殊保护和管理的区域，由国家统一管理，保护强度略低于自然保护区，具有保护、科研、宣教和旅游等功能。

该体系构建的核心思想是通过对我国现行各类自然保护地进行资源评估和功能定位，维持现在已经建成且保护价值相对较高的自然保护区不变，继续按照自然保护区的相关法律法规进行管理。将部分自然保护区、风景名胜区、森林公园、地质公园、海洋特别保护区（含海洋公园）中具有典型性、代表性和稀有性的生态系统及重要生态功能区的保护地划建为国家公园，按照国家公园的相关管理办法进行管理。其余未列入自然保护区、国家公园的自然保护地仍按照原有的类型及管理办法进行管理，在体系构建上称为"其他各类保护地"。

体系构建整合方案如图 5-2 所示。

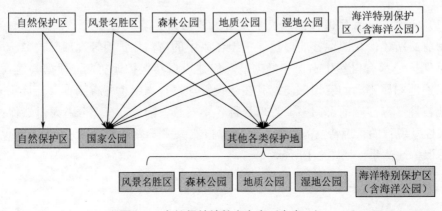

图 5-2   自然保护地整合方案（方案一）

（2）方案二：国家公园＋其他各类保护地

该方案在综合评估全国生态系统的代表性、完整性及生态功能基础上，结合重要生物资源和独特自然景观等分布格局，以自然保护区为主，结合一些重要的风景名胜区、森林公园、地质公园、湿地公园和海洋特别保护区（含海洋公园）等重要自然保护地，按自然地理单元筛选出我国国家公园建设的重点区域，划建为国家公园（图 5-3）。该自然保护地体系中，国家公园是我国自然保护地体系中最重要的类型，必须由国家划定并统一管理，土地和自然资源均归国家所有，建设管理所需资金以中央财政投入为主。未被划建为国家公园的其他各类保护地，仍维持当前的管理状态。

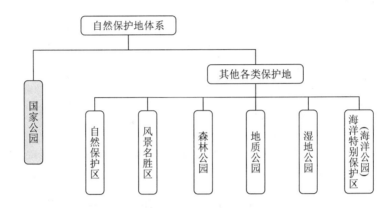

图 5-3　我国自然保护地体系示意图（方案二）

该方案中的国家公园是指为了保护具有典型性、代表性、稀有性的生态系统，重要生态功能区，以及具有重要科学、美学和文化价值的自然遗迹和景观，按照自然地理单元依法划定的予以特殊保护和管理的区域。

本方案的自然保护地体系整合建议如图 5-4 所示。

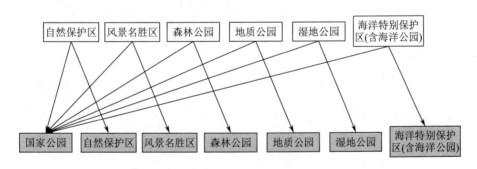

图 5-4　自然保护地体系整合示意图（方案二）

（3）方案三：自然保护区＋国家公园

根据保护价值、功能定位重构我国自然保护地体系。根据管理目标和保护严格程度将我国的自然保护地划分为自然保护区和国家公园两大类。自然保护区指对有代表性的自然生态系统、珍稀濒危野生动植物物种的天然集中分布、有特殊意义的自然遗迹等保护对象所在的陆地、陆地水域或海域，依法划出一定面积予以严格保护和管理的区域。国家公园指具有较大面积的自然生态系统、丰富的生物多样性和自然景观，或具有重要科学、美学和文化价值的地质剖面、溶洞、化石分布区、冰川、火山、温泉等自然遗迹和景观，以保护和适度旅游为主要管理目标而划定的区域，包括自然生态公园和自然遗迹公园。该方案中国家公园是按自然地理单元由国家划定的，由一个或多个完整的山系、流域、湖沼、河谷等组成的，以生态保护为主，并适度开发利用的自然保护地类型，主要保护具有重要生态功能价值、文化价值、美学价值及科研价值的自然生态系统和自然遗迹，并结合资源禀赋适度开展生态旅游、科学研究和环境教育等活动。自然保护地体系构架如图5-5所示。

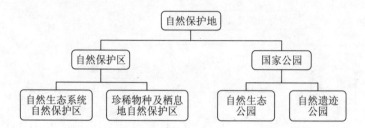

图5-5 我国自然保护地体系示意图（方案三）

本方案在整合自然保护地体系时，重点考虑其保护价值、功能、区位等要素进行整合。对现有自然保护区中保护价值高、功能重要的划归自然保护区；将具有紧临人口密集区或与城镇建成区有大面积交叉重叠，或已有建设项目或生产生活对保护区生态功能产生重大影响的，或与其他保护地重叠交叉严重等情况的划入国家公园；对风景名胜区、森林公园、湿地公园、地质公园和海洋特别保护区（含海洋公园）达到自然保护区保护标准的纳入自然保护区，对符合国家公园保护标准的纳入国家公园。其他自然保护地对符合国家公园建设标准和建设条件的纳入国家公园。对整合后存在重叠或交叉情况的，以整体保护、保护从严为原则，优先划入自然保护区。

自然保护地体系整合方案如图5-6所示。

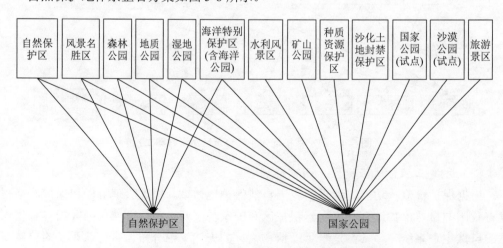

图5-6 自然保护地体系整合示意（方案三）

5.1.2　保护地功能定位和保护强度

（1）方案一

参照上文体系构建及整合思路，本方案的自然保护地体系中自然保护区的保护级别最高，其次是国家公园，再次是其他各类保护地，各类自然保护地的功能定位及保护强度如表 5-1 所示。

表 5-1　自然保护地体系各类保护地功能定位及保护强度（方案一）

类型	功能定位	保护强度
自然保护区	保护、科研、宣教	☆☆☆☆☆
国家公园	保护、科研、宣教、旅游	☆☆☆☆
其他各类保护地	保护、科研、宣教、旅游、维护生态调节功能	☆☆☆

（2）方案二

方案二的自然保护地体系中，国家公园是我国自然保护地体系中最重要的类型，必须由国家划定并统一管理，土地和自然资源均归国家所有，建设管理所需资金以中央财政投入为主。国家公园需具备以下四大功能，即保护功能、科研功能、宣教功能、旅游功能，如表 5-2 所示。

1）保护功能：国家公园保存了重要的生态系统和自然资源，是我国生态安全格局的骨架和重要节点；此外，国家公园拥有完整、健康的生态系统，区域生态调节功能强，具有维持和提升区域生态环境质量的重要作用，是维系我国生态功能的关键区域。

2）科研功能：国家公园具有极其重要的科学和研究价值，可直观反映关键区域生态系统和自然资源的现状和演变趋势，为生态环境保护与恢复提供科学的背景数据，是我国最重要的科研平台。

3）宣教功能：国家公园蕴含丰富的生物、地质、环境、历史文化等知识，是人们了解、学习自然科学和人文历史，激发环境保护意识，增加民族自豪感，培育爱国主义精神的重要基地。

4）旅游功能：国家公园景观独特、观赏价值高，代表国家形象，国民认同度高，在降低人为因素干扰和影响的前提下，给国民提供了亲近自然、了解自然、愉悦身心的场所。

表 5-2　自然保护地体系功能定位及保护强度（方案二）

类型	功能定位	保护强度
国家公园	保护、科研、宣教、旅游	☆☆☆☆☆
其他各类保护地	保护、科研、宣教、旅游、维护生态调节功能	☆☆☆

（3）方案三

自然保护区在我国主体功能区划中属于禁止开发区，是最严格保护的一类。国家公园保护强度略低于自然保护区，由国家统一规划、统一管理，土地和自然资源为国家所有，其自然资源与生态环境保护和基础设施建设等均以中央财政投入为主。自然保护地体系各类型保护地的功能定位及保护强度如表 5-3 所示。

表 5-3　自然保护地体系功能定位及保护强度（方案三）

类型	功能定位	保护强度
自然保护区	保护、科研、宣教	☆☆☆☆☆
国家公园	保护、科研、宣教、旅游、维护生态调节功能	☆☆☆

5.2　自然保护地分区建设管理

我国现行的自然保护地一般采取分区方式进行建设与管理。不同类型的自然保护地的开发利用强度各不相同，按照各类自然保护地的管理条例、管理办法、导则等，不同类型的自然保护地基本实施了分区建设与管理，不同区域有不同的管理要求。同一保护地内不同区域各自允许禁止或允许开展各项活动。自然保护区、风景名胜区、森林公园、湿地公园、地质公园、水利风景区、海洋特别保护区等自然保护地，在保护、恢复、开发利用强度上侧重点各不相同。

根据现行自然保护地有关管理办法、条例、技术导则，从各类自然保护地开发利用强度的角度分析，对我国自然保护地管理活动大致可分为设施建设、生产生活活动、游客活动、管理活动四个方面，这四个方面在利用强度上可分为四个等级，其中，开发利用强度最低，保护级别最高的一级保护区域分别对应自然保护区的核心区，地质公园的特级保护区，湿地公园的湿地保育区，海洋特别保护区的预留区；二级保护区域分别对应自然保护区的缓冲区，风景名胜区的生态保护区、自然保护核心区及其他不应进入游人的区域、风景恢复区，湿地公园的恢复重建区，海洋特别保护区的生态与资源恢复区；三级保护区域则对应自然保护区的实验区，风景名胜区的核心景区、自然景观保护区、史迹保护区、一级保护区，森林公园的珍贵景物、重要景点和核心景区等，地质公园的一、二、三级保护区，湿地公园的宣教展示区等；四级保护区域则对应风景名胜区的游览区、发展控制区、二、三级保护区等，地质公园的服务区，水利风景区的出入口（集散）区、游览区、服务区、管理区等，湿地公园的合理利用区、管理服务区等。

而我国的自然保护地体系首先应满足保护功能，其次才是开发利用。因此，本书从自然生态保护的角度出发，根据保护级别的严格程度，在上文对我国自然保护地体系的顶层设计框架下，提出未来我国的自然保护地体系建设也应根据保护对象、功能定位及保护强度等管理需求，实行差别化建设管理。自然保护区体系内的各类自然保护地在建设时，应遵循保护第一的原则，以保护为主，其设施建设、生产生活、科学研究、旅游活动等都必须服务于保护管理；而国家公园体系内的各类自然保护地在建设时，应遵循保护第一的原则，在不损坏保护目标价值的情况下，开展与保护活动协调一致的设施建设、生产生活、科学研究、旅游活动等，旅游活动的收入应按照一定比例反馈给保护地进行自然生态系统保护与维护。

　　无论按照上文所述三种体系构建方案中的哪一种，自然保护区都是我国保护最严格的自然保护地，其首要功能是保护重要的生态系统、物种多样性等，其分区建设及管理要求如表 5-4 所示。

表 5-4　自然保护地分区建设及管理要求

分区名称	建设及管理要求
核心区	禁止任何生产生活活动、设施建设、游客活动、管理活动；允许经批准的科研观测、调查活动
缓冲区	科学研究观测、调查活动；禁止在自然保护区的缓冲区开展旅游和生产经营活动
试验区	从事科学试验、教学实习、参观考察、旅游以及驯化、繁殖珍稀、濒危野生动植物等活动
备注	禁止在自然保护区内进行砍伐、放牧、狩猎、捕捞、采药、开垦、烧荒、开矿、采石、挖沙等活动；但是，法律、行政法规另有规定的除外

　　三种方案提出的国家公园，均承担了自然生态保护、科研、宣教的功能，并承担一定的游憩服务功能，因此，国家公园的分区建设管理与自然保护区略有不同，建议参照表 5-5 的分区建设与管理建议执行。

表 5-5　国家公园分区建设及级别划分

分区名称	建设及管理要求
严格保护区	严格管控人类活动干扰，一般情况下禁止机动设备进入，只能配置必要的保护和科研设施
重要保护区	允许少量旅游和其他对自然生态环境影响较小的人类活动，主要为步行道和观景台设施； 允许必要的环境友好的交通设备进入； 配置保护、科研、宣教设施，与自然环境相协调的游览、解说和安全防护设施
限制利用区	在不改变原有自然景观、地形地貌情况下，允许游客适度进入，准许适量游人露营；修建必要的不与自然环境相冲突的交通设施，允许环境友好的交通设备进入；保护原住居民及传统资源利用方式，保证资源可持续利用；保护古村落及建筑；建设不与自然环境相冲突的旅游、宣教、解说、安全防护及少量后勤服务设施
利用区（公园服务区）	允许集中人类活动；允许交通设备进入；允许自然资源可持续利用；配置公共、商业、宣教和后勤保障等设施

　　对于未再次纳入自然保护区、国家公园保护地中的风景名胜区、森林公园、湿地公园等自然保护地，建议按照现行建设及管理标准进行。

5.3　行政管理体制改革优化思路

　　行政管理体制改革是建立国家公园体制的核心和关键，行政管理体制改革到位有利于从根本上解决我国现行自然保护地建设和管理存在的主要问题，也有利于推进自然保护地体系顶层设计和管理制度建立。同时行政管理体制改革也是焦点和难点，涉及部门较多，也涉及职能的重大调整，有关部门都十分关注。根据我国现有自然保护地体系管理状态，针对多头管理、权责不清等行政管理问题，借鉴国际上自然保护地管理较好的国家的经验，我国自然保护地行政管理体制改革优化思路建议如下。

5.3.1　统一管理

国际上一些自然保护地保护成效较好的国家，通过实践，均已实现了自然保护地的统一管理，如新西兰保护部统一管理所有自然保护地，提高了自然保护地的保护成效。我国自然保护地虽然已经取得了一定的保护成效，但是多头管理、交叉管理、空间重叠等问题仍比较突出，在国家提出国家公园体制改革的大背景下，正好可以借此机会，厘清自然保护地状况，完善管理体制。

根据生态系统综合管理思想和精简、统一、高效的机构改革原则，按照完善自然资源资产所有者和监管者分离的改革要求，由一个部门，即自然保护地管理部门，统一负责自然保护地体系建设工作。自然保护地管理部门可分设国家公园管理办公室、自然保护区管理办公室、其他自然保护地管理办公室等分别管理国家公园、自然保护区、其他各类保护地。国家公园管理办公室直接管理国家级国家公园体系下的各类国家公园，负责组织完成国家公园体系的顶层设计、制定国家公园建设与管理法规、标准，指导各具体的国家公园管理机构建设、运营、管理各国家公园，指导省级国家公园管理机构管理省级国家公园。自然保护区管理办公室直接管理自然保护区体系下的各类自然保护地，负责组织完成自然保护区的顶层设计、制定自然保护区建设与管理法规、标准，指导各具体的自然保护区管理机构建设、管理各自然保护区；指导省级自然保护区管理机构管理省级自然保护区。其他自然保护地管理办公室则监督指导其他各类自然保护地的生态保护与管理工作，其他保护地的建设与管理则沿袭现有的管理机构，分别管理。

谁管理我国的自然保护地更加科学合理，更加有利于解决当前保护与开发的矛盾，更加有利于协调现有各保护地管理机构的利益呢？目前我国国土、环保、住建、水利、农业、林业、海洋、旅游等部门具有自然保护地管理的职能，都有各自的优势和不足。确定由什么部门管理各自然保护地应考虑以下几点：

（1）*是否有利于正确处理资源保护与开发利用的关系*

我国现行自然保护地的行政主管部门多属于基础产业部门，承担着产业发展的任务，但在发展产业时会涉及资源开发，集保护与开发职能于一身。尽管这些部门随着政府职能转变而承担了部分生态和资源保护的职能，但部门性质和长期的运行模式决定了其难以正确处理保护和开发利用的关系。因此，新构建的自然保护地体系下的各自然保护地管理部门应没有与自然保护地有关的产业发展任务，厘清经济利益，方便客观公正的管理自然保护地。

（2）*法律是否赋予该部门履行自然保护地管理职责*

我国现行的自然保护地管理法律法规主要有《环境保护法》《野生动物保护法》《野

生植物保护法》《自然保护区条例》《风景名胜区条例》《海洋环境保护法》等。同时，国务院制定的"三定"方案，也明确各部门在管理自然保护地方面的职责。目前，如果根据现行的国务院"三定"方案，由环境保护部承担全国自然保护地的统一管理最合适（专栏 5-2）。

专栏 5-2　国务院部门"三定"方案有关自然保护地管理职责

国家发改委：承担组织编制主体功能区规划并协调实施和进行监测评估的责任。参与编制生态建设、环境保护规划，协调生态建设、能源资源节约和综合利用的重大问题，综合协调环保产业和清洁生产促进有关工作。

国土资源部：负责规范国土资源权属管理。组织实施矿山地质环境保护，监督管理古生物化石、地质遗迹、矿业遗迹等重要保护区、保护地。

住房和城乡建设部：拟订全国风景名胜区的发展规划、政策并指导实施，负责国家级风景名胜区的审查报批和监督管理，组织审核世界自然遗产的申报。

环境保护部：指导、协调、监督生态保护工作。拟订生态保护规划，组织评估生态环境质量状况，监督对生态环境有影响的自然资源开发利用活动、重要生态环境建设和生态破坏恢复工作。指导、协调、监督各种类型的自然保护区、风景名胜区、森林公园的环境保护工作，协调和监督野生动植物保护、湿地环境保护、荒漠化防治工作。协调指导农村生态环境保护，监督生物技术环境安全，牵头生物物种（含遗传资源）工作，组织协调生物多样性保护。

农业部：指导农用地、渔业水域、草原、宜农滩涂、宜农湿地以及农业生物物种资源的保护和管理，负责水生野生动植物保护工作。农业生物物种资源的保护和管理工作；组织实施农作物遗传资源保护。

水利部：负责水资源保护工作。组织编制水资源保护规划，组织拟订重要江河湖泊的水功能区划并监督实施等。

国家林业局：组织实施建立湿地保护小区、湿地公园等保护管理工作。负责林业系统自然保护区的监督管理。指导国有林场（苗圃）、森林公园和基层林业工作机构的建设和管理。

国家海洋局：组织起草海洋自然保护区和特别保护区管理制度和技术规范并监督实施。

国家旅游局：指导重点旅游区域、旅游目的地和旅游线路的规划开发，引导休闲度假。

（3）已有工作基础是否有利于解决现行的生态系统割裂管理问题，是否有利于全国自然保护地体系的顶层设计

我国现有的自然保护地体系中，存在将生态系统按要素割裂管理，或者将一个完整的生态区域按行政区割裂管理的问题。今后我国的自然保护地特别是重要的自然保护地如自然保护区、国家公园应该能将自然保护地中的山、水、林、田、湖视为一个

整体，从生态系统的系统性、完整性出发，统一管理。因此，应选择一个在全国性生态保护、自然保护地、生态环境变化、生物多样性管理方面有一定工作基础的部门管理自然保护地，利用现有的技术及基础数据，实现精简效能，促进自然保护地体系重构与管理体制改革快速有效的实施。

（4）是否与国际自然保护地管理部门的主流发展方向一致

目前国际上很多国家都是由环境部门负责国家公园的管理，如德国、俄罗斯、英国、巴西、日本、澳大利亚、印度、南非、韩国等，由环境部门负责自然保护地管理是国际主流。许多国家曾经存在多部门管理不同类型自然保护地的状况，给自然保护地管理造成了一定的混乱。国际上主要国家自然保护地管理历程已在前文中进行了评述，这里不再赘述。

5.3.2　监管分离

建立监管分离的管理体制，由自然保护地管理机构统一管理我国的自然保护地，由另一个部门实施监管职责。自然保护地的建设与管理，自然保护地的监管，二者相对独立，不仅落实了自然资源资产产权制度和用途管制制度，使用者与监管者相互独立、相互配合、相互监督，有利于将国家公园保护好、利用好，还有利于对国家公园实行统一规划、合理布局。

建立监管分离的监管机制，可借鉴国际经验，以一个部门为主，建立多部门、多层次联合的自然保护地监管体系，共同对自然保护地的建设管理、保护成效、开发利用程度的适宜性进行监管。多部门多层次的联合监管，既有利于监督自然保护地的保护，也有利于监督自然保护地的合理开发。此外，可建立公众参与的自然保护地监管机制，吸纳社会公益组织、企业、高校及个人参与自然保护地的生态保护监督，建立通畅的公众参与机制，鼓励社会公众参与自然保护地的监管，从而提升公众的自然生态保护意识，提升自然保护地的保护成效。

5.3.3　改革建议

根据我国行政管理体制现状，自然保护地行政管理体制改革应先从中央部委先行改革入手，各级地方行政管理部门依次对应改革。《2015中国可持续发展报告——重塑生态环境治理体系》一书中针对我国生态保护面临的问题、机遇与挑战，设计比较了三套生态环境保护管理职能重组方案，并提出未来我国生态环境管理相关职能改革方案。自然保护地是我国生态保护的主要阵地之一，自然保护地行政管理体制改革是自然生态环境行政管理体制改革的主要内容之一。

我国自然保护地体系顶层设计的三种方案中，自然保护区及国家公园均应采取统一管理、监管分离的行政管理体制，其他未纳入国家公园、自然保护区的自然保护地暂时沿袭现有行政管理机制管理。三种体系设计方案中的自然保护区、国家公园均是我国自然保护地的主体，应推进自然保护地管理体制改革。

鉴于上述分析，从行政管理职能及机构设置方面，我国自然保护地应由"一委一部一局"负责，自然保护地的公益性自然资源资产由"自然资源资产管理委员会"负责，自然保护地的生态保护建设与管理由"资源与环境保护部"统一负责，自然保护地的保护成效由"国家生态环境质量监测评估局"统一负责，"自然保护地监测评估"部门可设立公众参与办公室，吸纳社会公益组织、企业、个人参与到自然保护地生态保护的监管中来。自然保护地生态环境保护主要由"一委一部一局"负责，如图 5-7 所示。

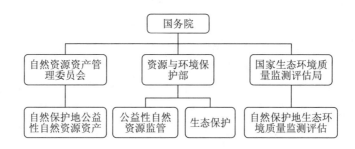

图 5-7 自然保护地管理职能设置

（1）自然资源资产管理委员会负责自然保护地自然资源资产管理

自然资源资产管理委员会专门负责自然保护地的自然资源资产管理，统一行使全民所有自然资源资产所有权人的职责，保护自然保护地的国有自然资源的资产权益。自然保护地的自然资源属公益性资产，其管理应区别于商业性资产管理。自然保护区、国家公园体系下的所有自然保护地均需采取公共行政管理手段加以管理，严格禁止与自然保护地职能不匹配的经营性开发利用。

从具体职能看，自然资源资产管理委员会的主要职责包括：对自然保护地的自然资源调查监测、统一确权登记，建立自然资源产权的统一登记制度，进行自然资源分类；建立自然保护地自然资源使用的行政许可制度，明确使用者利用自然资源的权利及特定的义务；完善资源有偿使用制度，制定自然保护地自然资源使用权出让收益分配和使用政策，保障所有者权益；建立自然资源资产核算体系。

（2）资源与环境保护部负责自然保护地自然资源监管及生态保护

组建资源与环境保护部是一个统筹改革方案，对部门行政管理的综合协调和专业能力有较高的要求，自然保护地自然资源监管及生态保护职能由资源与环境保护部负责。资源和环境保护部采取"一部多局"的内部设置模式，充分考虑自然资源和环境要素的属性差异，实行专业化管理和综合管理相结合。在部下面可设若干部门管理的国家局，分别负责土地、海洋、林业等监管、公共服务等职责。专业领域以国家局为单位进行管理，综合交叉事务由部委进行协调管理。

从自然保护地行政管理职能看，资源与环境保护部应重点围绕自然保护地保护的制度建设和结果考核开展工作。主要职责包括：第一，负责建立全面统筹自然保护地生态环境保护与自然资源监管的基本制度，协助拟定生态环境保护与自然资源监管的法律草案，制定相关法规和行政规章。第二，编制自然保护地发展规划；负责自然保护地生态环境建设、生物多样性保护和生态恢复等工作。第三，组织制定自然保护地标准、基准和技术规范。第四，参与国民经济和社会发展战略规划，增强自然保护地生态环境保护与自然资源开发和经济社会发展的统筹协调职能。

（3）国家生态环境质量监测评估局负责自然保护地的生态监测、评估

国家生态环境质量监测评估局是独立于资源和环境保护部门的职能管理机构，直接向国务院负责。

国家生态环境质量监测评估局及其下设机构实行垂直管理。该部门应当承担以下职责：第一，制定自然保护地生态环境监测制度和技术规范、布局，确立自然保护地自然生态监测指标。第二，组织实施自然保护地生态监测，组织自然保护地保护成效评估。第三，组织建设和管理国家生态环境信息网，定期发布自然保护地生态监测信息和数据。国家生态环境质量监测评估局下应设置公众参与部门，组织协调自然生态保护相关的社会公益组织、企业、个人参与自然保护地生态保护监管，接受相关的社会公益组织、企业、个人对自然保护地的监管意见和建议，建立国家生态环境质量监测评估局与公众的交流平台。

第6章　中国自然保护地管理制度与配套政策

6.1　自然保护地管理制度

6.1.1　实施依法管理

随着我国社会经济的加速发展，我国自然保护地体系管理存在的管理部门分治、体系不清，交叉重叠管理，将生态系统割裂管理，建设管理权责不清，保护管理与开发利用的矛盾等问题将日益凸显。这些问题将阻碍我国自然保护地的管理，降低自然保护地保护成效。造成这些问题的主要原因是什么？如何解决这些问题？当今社会是法治的社会，依法治国是中国共产党领导人民治理国家的基本方略，是发展社会主义市场经济的客观需要，也是社会文明进步的显著标志，还是国家长治久安的必要保障。2014年10月，中国共产党第十八届中央委员会第四次全体会议首次专题讨论依法治国问题，并形成《中共中央关于全面推进依法治国若干重大问题的决定》。依法治国必将为实现生态良好的治理目标奠定更加坚实的制度基础。

现阶段我国自然保护地管理法律体系主要包含法律、条例、部门管理办法等。其中，我国自然保护地管理依据的法律主要有《环境保护法》《草原法》《渔业法》《森林法》《水土保持法》《野生动物保护法》《水法》等。管理条例主要有《风景名胜区条例》《野生植物保护条例》《自然保护区条例》《野生药材资源保护管理条例》等条例。部门管理办法及规章主要有《国家沙漠公园试点建设管理办法》《国家级森林公园管理办法》《水产种质资源保护区管理暂行办法》《国家湿地公园管理办法（试行）》《海洋特别保护区管理办法》《畜禽遗传资源保种场保护区和基因库管理办法》《水利风景区管理办法》《地质遗迹保护管理规定》《森林公园管理办法》等。

这些法律、条例、管理办法在很大程度上规范了我国自然保护地的管理，是我国自然保护地管理的主要依据。但是，为了更加科学有效地管理自然保护地，我国现行的自然保护地管理法律法规体系尚需进一步完善。

我国自然保护地建设的首要目的是保护生态环境、生物多样性和自然资源，维护典型和独特生态系统的完整性免遭破坏。按照前文所述的构建自然保护地体系建议，我国的自然保护地均需履行自然生态保护的责任。因此，建议在现行法规规章基础上拟定"自然保护地法"。"自然保护地法"对我国不同类型的自然保护地，如国家公园及自然保护区的保护和管理做出原则性、纲领性规定。对不同类型的自然保护地，依据保护严格程度及生态系统特征，提出明确的保护目标、保护管理措施纲要、资产权属、管理权限、指导运营机制、监督机制、资金管理、执法规范、开发活动强度等。

根据自然保护地体系中不同类型自然保护地的功能及保护严格程度，结合科学研究结果，修改完善现行的管理条例及部门管理办法，分别制定自然保护区法、国家公园法及其他保护地法。

6.1.2　统一规范标准

借鉴国外成功经验，立足我国国情，根据自然保护地体系分类，从资源基础、管理基础、保护与开发利用目标、社会经济发展需求等方面研究提出我国自然保护地建设及运营管理标准。

建设及运营管理标准应针对自然保护区、国家公园及其他各类保护地分别提出建设的基本条件。建设标准或规范需针对拟建自然保护区和国家公园的资源权属问题、生态环境基本特征、保护价值、范围界限、管理部门、拟开展的保护措施等提出纲领性要求。运营管理标准或规范应分别针对自然保护区和国家公园提出如何确定运营管理部门及模式、监督机制，提出资金筹措及使用机制、利益分享机制、社区及公众参与机制、成效考评机制、生态保护监测机制等有关的纲领性要求。

国家和地方政府可根据辖区内自然生态特征、保护目标及社会经济发展需求，构建区域自然保护地体系，并根据自然保护地的特殊性、重要性划分级别。针对不同类型和不同级别的自然保护地自然生态特征及管理工作需求，依据自然保护地建设及运营管理标准或规范，制定更加翔实的自然保护地建设管理运营标准，并以此为依据，建设及管理区域内自然保护地。其他各类保护地的建设及运营管理标准也应在现有建设及运营管理依据的基础上进一步优化提升，实现同一类自然保护地有统一的标准。

6.1.3　系统规划发展

目前我国的自然保护地体系中，一些类型的自然保护地都有编制发展总体规划和建设控制性规划，并按规划执行的惯例。但是所有类型的自然保护地都是我国自然生态保护地体系的有机组成部分，每一类自然保护地的保护与开发利用、规划发展与管理是否科学合理，都会直接影响到我国自然保护地体系的可持续发展。然而，我国现在尚缺乏一套系统全面的自然保护地规划发展管理体系。因此，从我国自然生态系统保护与利用可持续发展的角度出发，建立一套系统全面的自然保护地规划发展管理体系十分重要。

根据自然保护地体系划分原则、自然保护地管理法、自然保护地管理规范等，在国家层面编制自然保护地发展总体规划，各自然保护地以此为依据，编制各自然保护地发展总体规划。自然保护地规划发展管理体系中，自然保护区类型保护地的发展规划应突出体现自然生态保护的主要管理目标，国家公园类型保护地的发展规划应突出坚持保护第一、科学适度开发的主要管理目标。自然保护地管理机构组织专家团队评审全国自然保护地发展总体规划及各自然保护地发展总体规划。总体规划依法纳入区域社会经济发展规划中。各自然保护地总体规划涉及的内容，按照项目建设需求，编制控制性详细规划，并由自然保护地管理机构组织专家评审验收控制性详规，自然保护地依照总体规划及控制性详细规划建设与管理自然保护地。自然保护地管理机构根据职责，调查评估全国自然保护地及各自然保护地发展规划执行情况，并分别提出规划执行完善建议。

6.1.4　完善资金管理制度

我国现有的自然保护地建设和管理的资金来源主要有三个渠道。

（1）财政渠道

财政渠道主要指各级政府和自然保护区主管部门的财政投资，包括本级财政经常性预算、上级财政转移支付、国债资金、项目投入（包括各部委专项资金、扶贫、以工代赈和国家重点生态建设工程等）、地方政府项目投入或配套资金（主要包括基建费、人头费和专项业务费）和专项基金（如森林生态效益补偿基金等）。中央财政资金主要有生物多样性专项资金（2013 年之前国家级自然保护区专项资金）、林业国家级自然保护区能力建设补助专项资金等。财政渠道另一个主要来源是横向部门投资，主要有科技、交通、旅游等部门在保护区科技立项、修路等方面的投资，这也是保护区发展的重要投资方式。在保护区开发生态旅游或多种经营时，共同利益驱使不同的部门合作起来。地方财政资金也是自然保护区的重要来源渠道，但总体投入仍与需求有较大差距。以广东省为例，虽然其经济发展水平居全国前列，省级财政实力较雄厚，但政府对自然保护区的资金投入也存在总量不足、均量较少的问题。2000 年前该省每年安排自然保护区建设的业务经费总量不到 200 万元，2000—2009 年省财政安排自然保护区基本建设资金将共达 33 412 万元，平均每年 3 341.2 万元，平均每个自然保护区也不到 20 万元，这将直接影响自然保护区的日常巡护等建设管理工作的正常开展。而在经济相对落后的地区情况就更不乐观，如内蒙古，其近 20 年来对自然保护区的资金投入折合人民币不足每平方千米 100 元，保护区的工作更停留在简单的看护水平上。

（2）社会渠道

我国自然保护区建设社会资金主要来自国外资助包括联合国有关机构、自然保护国际组织、多边和双边援助机构、国外民间及个人对我国自然保护区的各项资助和科技合作。如湖南壶瓶山国家级自然保护区管理计划是由全球环境基金（GEF）资助，计划总投资概算为 2 501.33 万元，其中 GEF 项目赠款资金 823.56 万元，占投资的 32.92%，配套资金 156.26 万元，占总投资的 6.25%；湖南八大公山国家级自然保护区管理计划总投资 1 515.00 万元，其中 GEF 项目赠款资金 624.73 万元，占投资的 41.2%，配套资金 164.45 万元，占总投资的 10.90%；陕西牛背梁国家级自然保护区管理计划总投资 1 064.47 万元，其中 GEF 项目赠款资金 345.79 万元，占投资的 32.48%。

（3）市场渠道

市场渠道主要指以自然保护区的一种或多种资源为基础开展的多种经营创收和有关服务收费。我国自然保护区创收形式主要包括种植业、养殖业、旅游服务业、工业生产、资源收获和资源补偿费等，占创收总收入的比例分别为 4.4%、3.3%、54%、3.3%、23% 和 11.7%。创收形式多样，以旅游服务业、资源收获和资源补偿费为主。旅游业主要是门票收入，占旅游业收入的 86%，旅游业经营手段还相当简单。已有超过 80% 的保护区走上以自养补不足之路。自然保护地保护与管理是公益性事业，所用资金大部分来源于政府财政收入。近年来，国家对自然保护地的建设与管理投入的资金也越来越充足，部分自然保护地开展生态旅游吸引了大量社会资金，如何利用这些资金更加科学合理地保护与开发利用自然保护地，这就迫切需要完善自然保护地资金管理制度。

自然保护地的资金使用途径主要分两类。一类是建设与日常管护费用，如人员工资、日常办公室运作费用、日常巡护费用、科学研究和监督费用、社区宣教费用、基础设施检核、设备配置费用等支出。另一类是非常规建设与管护费用，如栖息地改造与恢复、外来入侵种预防、保护地内居民生态补偿、生态旅游资源开发等以工程或项目形式使用。

目前，我国自然保护地体系中，自然保护区、国家公园的资金主要是以财政投入为主，社会资金等多渠道资金为辅。针对自然保护地体系中资金来源渠道、使用方式，建立完善资金管理制度。自然保护地资金使用和管理，一定要秉承"公平、公开、公正"原则，通过公示制度定期将资金流向向公众公开，杜绝贪污、腐败和挪用现象。资金筹措、预算申报、预算执行、第三方审计监督、结算等环节，建立不同来源的资金的管理与使用制度。自然保护地管理机构每年应向主管部门提交财政资金申请报告、自然保护区保护计划、当年自然保护区生态维护计划、上年度财政资金使用情况及管理工作总结等。中央及地方财政将自然保护地生态保护资金分别纳入国家、省、市财政支出预算中，并按时拨付。自然保护地财政资金实行专项管理，分账核算，专款专用。自然保护区应建立健全财务管理和会计核算制度，对中央财政基金实行分账核算。建立完善专项资金管理机制，尤其是针对国际、国内机构、企业、个人来源的自然保护地专项项目资金，应建立资金管理监督机制，科学管理资金，接受投资机构、财政和审计等行政部门的审核与监督。

6.1.5　完善保护和利用监管制度

自然保护地管理体制中，自然保护地的自然生态保护与自然生态资源的开发利用是一个永恒的话题。如何在当前国情下，实现自然保护地生态保护优先，科学合理地利用自然生态资源造福人类，必须建立自然保护地体系保护和利用监管制度。根据自然保护地体系中保护与开发利用目标，分别针对自然保护区和国家公园建立自然保护地保护和利用监管制度。

自然保护地和国家公园的自然生态保护制度，必须根据保护对象和管理目标，制定自然资源的保护管理制度，确定开展生态、资源、环境等方面系统的科学考察内容及周期，确定建立和完善生态监测体系的目标、主要工作内容及周期，确定自然生态保护成效评估内容与评估周期，建立自然生态资源保护成效监督考核机制等。

自然保护区和国家公园的开发利用监管制度主要针对自然保护区试验区、国家公园的开发利用活动而制定的。开发利用监管制度的重点则是制定自然保护地体系中自然资源开发利用过程中涉及的工程建设管理制度、服务设施租赁管理制度、餐饮住宿零售特许经营制度、公众及社区参与管理制度、文化宣传管理制度等。自然保护地管理机构及公众通过开发利用监管制度，监管自然保护地的各项开发利用活动，以防自然保护地因过度开发或管理不善造成自然生态破坏及社区居民利益受损等情况出现。

6.2　建立和完善配套管理政策

完善的自然保护地管理配套政策是实现自然保护地保护与开发利用可持续发展的保障措施。完善的自然保护地管理配套政策主要包括土地政策、财政保障政策、生态补偿政策、公众参与政策、科技与人才保障政策等。

6.2.1　制定配套土地政策

要明确自然保护地土地及其附属资源的产权归属，并把其纳入国有自然资源资产管理体系，建立相应的资产登记、核算和监管体制。对现行集体土地及其附属资源采用征收、租用或者用途管制等规范方式纳入自然保护地自然资源资产管理体系，若自然保护地内存在非国有土地及其附属资源，并且其利用方式与管理目标不冲突，则不改变其权属和利用类型。对于纳入自然保护地的非国有土地及其附属资源，实行国家生态补偿和资源利用收益分配机制。

6.2.2　完善财政保障政策

将自然保护地的保护、运行和管理以及面向全民的公共服务职能，明确为政府事权。自然保护地保护、管理、教育等公共服务，及保护管理基础设施和能力建设投资应由财政资金投入，纳入财政支出预算，建立自然保护地保护管理专项财政支出政策。自然保护区和国家公园都有自然保护、教育等公益性属性，都有资格获得国家及各级地方政府有关自然生态保护专项财政资金。自然保护区、国家公园的门票收入及特许经营的收入应上缴财政，并由财政统一安排经费的使用途径。

6.2.3　优化生态补偿政策

自然保护地生态补偿政策是解决自然保护地保护与社区社会经济发展开发利用保

护地内及周边自然生态资源的矛盾，协调区域自然生态保护与经济发展矛盾，实现自然保护地自然生态资源提供与受益区域之间惠利共享，解决长远利益与短期利益、局部利益与整体利益等矛盾的有效途径之一。自然保护地生态补偿政策应明确以下基本内容。

自然保护地生态保护的公益性决定了自然保护地生态补偿政策是一项政府主导，多方参与的管理政策。政府是自然保护地生态补偿政策的制定者和主要执行者，自然保护地管理机构、社区居民及所在区域是自然保护地生态补偿政策的受益者。利用自然保护地内的自然生态资源开展旅游、餐饮娱乐等商业性活动的特许经营机构是自然保护地生态补偿资金的提供者之一，也是自然保护地内自然生态资源租用的主体，其在自然保护地生态补偿项目中的权利和义务需明确。

自然保护地自然生态保护与管理所需资金量大、财政负担大，受财政支付能力所限，单一依赖公共财政进行自然保护区生态补偿会影响补偿项目的可持续性。近年来，市场化运作的生态补偿日益增多，贸易补偿、生态补偿税/费、信贷交易、生态补偿保证金等市场化的补偿方式已在不同领域的生态补偿中得到应用并取得了良好的示范效果。在优化自然保护地生态补偿政策时，鼓励发展多元化的生态补偿方式，拓展自然保护地资金筹措渠道，保障自然保护地自然生态保护与管理资金。

自然保护地生态补偿标准是我们面临的另一个难题，需开展一系列细致深入的调查及研究才能制定科学的补偿标准。在优化自然保护地生态补偿政策时，鼓励自然保护地管理机构、自然生态保护科研机构积极开展自然保护地生态补偿标准、补偿支付意愿和能力等内容的调查与研究，避免出现过度补偿或补偿缺失、无能力或不愿意支付等问题。

优化自然保护地生态补偿政策，应避免自然保护地在利用自然保护生态补偿资金方面重建设、轻保护，重管理机构人员、轻社区居民等问题出现。我国已开展的生态补偿实践中，补偿经费主要投入到生态建设（如林木抚育、种苗造林、湿地监控、管护投入）、管护人员劳务、林农补偿（如粮食补贴、生活费补助）、公共服务保障（如社保）等几个方面。其中，用于生态建设、人员工资、办公事业费在保护区各项经费使用中所占比例较大。为了提升自然保护地生态保护成效，提高社区居民的保护意愿，鼓励社区居民参与自然生态保护，自然保护地生态补偿政策应规定补偿资金的使用途径及比例。

优化自然保护地生态补偿政策，需建立自然保护生态补偿资金使用多方监督机制。自然保护地生态补偿资金的监督机制包括社会组织监督、舆论监督和群众监督，其中社会组织监督要强调环保 NGO 的监督作用，群众监督主要指自然保护区当地居民的监督。自然保护地生态补偿基金的运行与当地居民的利益直接相关，居民出于对自身利益的关心会更积极地进行监督。环保 NGO 则是由于在自然保护区生态补偿资金募集方面发挥一定的作用，且因其非政府性、非营利性和公益性的特征而为公众所信任，所以应当作为自然保护区生态补偿基金的监督者。

6.2.4　推动公众参与政策

公共参与是体现我国自然保护地公益性特征的有效方式。公众的积极参与不仅可以解决自然保护地保护与管理在人员与资金短缺方面的问题，也能加深公众对自然保护的理解与支持，使自然保护地的公益性具有更好的社会基础。据统计，2005 年，美国国家公园系统大约有 15 万名公园志愿者（VIPS）贡献了约 520 万小时来协助国家公园工作，相当于增加了 2 500 多个雇员，价值约在 9 150 万美元，其中常年的义务讲解员保持在约 1 000 人。这一点中国还有很大的差距。

制定自然保护地管理体系的公众参与政策，推动自然保护地体系公众参与执行，为我国自然保护地管理提供有益的人员补充。自然保护地公众参与政策旨在倡导提升公众参与力度，建立开放式公众参与机制，鼓励社会公众和当地社区积极参与自然保护地建设与管理，鼓励其他志愿者参与自然保护地的建设与管理。公众参与政策应明确提出建立公众参与奖励机制，奖励对自然保护地建设与管理有杰出贡献的各类单位组织和个人。

6.2.5　人才技术保障政策

制定自然保护地管理的人才技术保障政策，为自然保护地建设与管理提供人才、科技支持。以政策形式制定和实施自然保护地人才队伍建设规划，加强保护、规划、管理、利用等方面人员的培养与培训。充分吸收现行自然保护地管理中的专业人才、优秀志愿者加入自然保护地建设管理队伍；依托高等院校、科研机构及社会培训机构，全面培养具有专业知识和实践能力的多层次、高素质自然保护地保护专业技术人才；定期组织自然保护地建设管理的人才交流与合作。鼓励开展自然保护地生态保护与资源开发利用模式、自然保护地建设与管理关键技术研究，为自然保护地建设管理提供技术保障。建立自然保护地建设与管理科学技术研究体制。自然保护地管理机构积极与国内外高等院校、科研院所等合作，共同攻克自然保护地建设的重点、难点领域，以及国家层面的重大项目，力求在解决实际问题的过程中，创造新技术，产出新成果，为推广自然保护地管理模式积累经验。

第7章 中国国家公园体制建设的方向

7.1 国际上国家公园的概念和内涵

"国家公园"的概念源自美国，仅作为自然保护地的一种类型，但随着保护实践的不断深入，人们逐渐认识到保护生物多样性和维持整个生态系统平衡的重要性，于是国家公园的概念就被进一步发展扩大衍生出国家公园、自然保护区等相关概念。国家公园也从美国一个国家发展到世界上近 200 个国家和地区。由于经济发展水平、土地利用形态、历史背景以及行政体制方面的不同，世界各国和地区在实践中不只是抄袭美国的国家公园经验，而是既延续国家公园的宗旨精神，又使之本土化，形成了具有各国特色的国家公园制度（表 7-1）。世界自然保护联盟（IUCN）自 20 世纪 70 年代就开始致力于构建一套可以广泛被各国所接受和使用的术语和标准体系，经过不断的完善和发展，认为国家公园是指"用于生态系统保护及娱乐活动的保护地——天然的陆地或海洋，即为现代人和后代提供一个或多个生态系统的生态完整性；排除任何形式的有损于保护管理目的的开发或占用；提供在环境上和文化上相容的，精神的、科学的、教育的、娱乐的和游览的机会"。

表 7-1　世界主要国家对国家公园概念的界定

国家或地区	国家公园概念
美国	包含狭义和广义两重概念。狭义的国家公园是指拥有丰富的自然资源的、具有国家级保护价值的面积较大且成片的自然区域。广义的国家公园即"国家公园体系"是指"不管现在抑或未来，由内务部部长通过国家公园管理局管理的，以建设公园、文物古迹、历史地、观光大道、游憩区为目的的所有陆地和水域"，包括国家公园、纪念地、历史地段、风景路、休闲地等，涵盖 20 个分类
加拿大	加拿大建立在全国各地，以保护不同地域特征的自然空间，由加拿大公园管理局管理，在不破坏园内野生动物栖息地的情况下可以供市民使用的地方，包括国家公园、国家海洋保护区域和国家地标
德国	具有法律约束力的面积相对较大而又具有独特性质的自然保护区域。作为国家公园一般具有三个性质：一是国家公园的大部分区域满足保护区域的前提条件；二是国家公园不受或很少受到人类的影响；三是国家公园的主要保护目标是维护自然生态演替过程，最大限度地保护物种丰富的地方的动植物生存环境

国家或地区	国家公园概念
英国	一个广阔的地区，以其自然美和它能为户外欣赏提供机会以及与中心区人中的相关位置为特征
瑞典	具有某些类型景观的大规模连接区域，理想的情况下，该地区应未受到商业或工业的污染并且尽可能地接近自然状态，分为国家公园和自然保护区两类
俄罗斯	境内含有具有特殊生态价值、历史价值和美学价值的自然资源，并可用于环保、教育、科研和文化目的及开展限制性旅游活动的自然保护、生态教育和科学研究机构
澳大利亚	澳大利亚不同州对国家公园的定义也是不同的，首都直辖区："国家公园是用于保护自然生态系统、娱乐以及进行自然环境研究和公众休闲的大面积区域"；新南威尔士州："国家公园是以未被破坏的自然景观和动植物区系为主体建立的相当大面积区域，永久性地用于公众娱乐、教育和陶冶情操之目的。所有与基本管理目标相抵触的活动一律禁止，以便保护其自然特征"；昆士兰州："国家公园是动植物区系多样性极为丰富、有一定历史意义的、具有高水准自然景观的相当大面积区域，永久性地用于公众娱乐和教育，防止与基本管理目标不符的活动以确保其自然特征"；塔斯马尼亚州："国家公园是用于保护自然生态系统、娱乐、研究自然环境以及公众休闲和旅游的大面积区域"
新西兰	为保留自然而划定的区域，确切地说是指国家为了保护一个或多个典型生态系统的完整性，为给生态旅游、科学研究和环境教育提供场所，而划定的需要特殊保护、管理和利用的自然区域
南非	提供科学、教育、休闲以及旅游机会的区域，同时该区域要兼顾环境的保护，并且使得当地获得相关经济的发展
韩国	可以代表韩国自然生态界或自然及文化景观的地区
日本	能够代表日本自然风景的，为保护自然风景而对人的开发行为进行限制的，同时为了人们便于游赏风景、接触自然而提供必要信息和利用设施的区域

虽然各个国家关于国家公园的表述方式不尽相同，但均认为国家公园是自然环境优美、资源独特、具有区域典型性、代表性的保护价值大的自然区域，该区域不受或较少受到人类活动的影响，是一个国家或地区维护自然生态系统平衡、保护生态环境和生物多样性、开展科学研究、环境教育和发展旅游游憩的重要场所。

7.2 中国国家公园发展历程

7.2.1 中国国家公园的探索

国家公园制度在国际上的成功，诱发了中国探索建立国家公园体制的第一次实践活动。20 世纪 30—40 年代，当时的民国政府以庐山、太湖等成熟风景区为基础，进行了有益实践，编制了相应的规划文件。1930 年风景园林巨匠陈植主编的《国立太湖公园计划书》出版，是迄今所见最早者。其前言说明了"国立公园四字，相缀而成名词，盖译之英语'National Park'者也"；认为"……故为发扬太湖之整个风景计，绝非零碎之湖滨公园，以及森林公园能完成此伟业，而需有待于由国家经营之国立公园者也"；并强调"（National Park）盖国立公园之本义，乃所以永久保存一定区域内之风景，以备公众之享用者也。国立公园事业有二，一为风景之保存，一为风景之启发，二者缺一，国立公园之本意遂失"。至今在庐山风景名胜区内的展览中仍然保留着关于编制庐山国家公园规划大纲的民国政府文件（专栏 7-1）。

专栏 7-1　陈植关于"国家公园"概念界定与计划原则的表述（1935，《造园学概论》，商务印书馆出版）

盖国立公园之本意，乃所以将一定区域内之风景，永久保存，以备公众之享用者也。国立公园之事业有二：一为风景之保存，一为风景之启发，二者缺一，国立公园之本义遂失。

国立公园，以具有国民的兴味为特征，以风景之保存，及开发为事业，故复兴性质相若之国家纪念物（National monument）及天然保存区域（Naturs-chutzgebiet）异趣。盖国家纪念物，以保存历史上，科学上，各种物件，而免除其毁损为目的；而国立公园，则除以上之目的外，复有便利公众享用之完全设施。天然保存区域以绝对保存天然固有状态为目的，不若国立公园之于保存天然状态外，复有各种公园的设施，以便利民众者也。

故论国立公园性质，包罗极广，不唯森林公园，天然纪念物，天然保存区域，及各种野外休养地，皆当列为国立公园成因之一；即其他系统上，发生关系之经济，保安，风致等，各种森林，名胜，古迹，皆为重要因子之一。论者不察，误以森林公园，及其他名称，以冠风景之具有国立公园资格者，此盖不可不明辨也。

国立公园，为未经人工破坏之天然风景地，既如前述；然国立公园云者，不惟以保证人类原始的享乐，为必要原则；复须保存国土原始的状态，以资国民教化上，及学术上之臂助，此所谓国立公园之二重使命是也。原始风景之经破坏者，即须举行造林，及砂防工事，俾树木滋茂，渐复旧观，然后始可从事于国立公园之经始。

国立公园之风景，实具代表一国风景之价值，不惟足以诱致国民，且可赖以招徕国宾。故其设施，即当处处周详，以适于民众之休养享乐。既不应自为制限，而灭其效率，复不当任意计划，以损其美观。

1982 年，我国开始建立"风景名胜区"，在国家级风景名胜区徽志上明确标明对应名称是"National Park of China"，即中国风景名胜区对外称为中国国家公园，中华人民共和国国家标准《风景名胜区规划规范》（GB 50298—1999）也将国家级风景区与"国家公园"挂钩。国家级风景名胜区对外如申报"世界遗产"时，在名称上或申报文本中也有所体现，特别是 1996 年的庐山国家风景名胜区和 2008 年的三清山国家级风景名胜区，以及提名时原称"三江并流国家风景名胜区"（Three Parallel Rivers National Park）的"云南三江并流保护地"，外文原本均以"National Park"作为行文规范。然而，由于中外译名的不一致，以及在国家级风景名胜区管理体制上所出现的诸多问题，不

能认知或者无法认同"国家级风景名胜区"即等同于"国家公园"这一事实。

在世纪之交,国内有不少学者和研究机构曾极力倡导逐步建立中国国家公园。

1998 年,云南省率先在全国开始探索引进国家公园模式,建立新型保护地的可行性。2006 年,迪庆州借鉴国外经验,以碧塔海省级自然保护区为依托,建立了普达措国家公园(专栏 7-2)。2008 年,国家林业局批准云南省为国家公园建设试点省,相继建成了老君山、梅里雪山和西双版纳等多个国家公园。

专栏 7-2　"普达措国家公园"试点探索

在云南省政府研究室和大自然保护协会(TNC)的支持下,迪庆州政府以碧塔海省级自然保护区和国际重要湿地为依托,于 2007 年建立了普达措国家公园。普达措国家公园总面积为 1 993 km²,总规划面积为 767.4km²,其中保护面积占 99.8%,游憩用地面积仅占 1.9‰,用于生态旅游开发的面积低于 2%。普达措国家公园范围内有 2 个管理机构分别履行各自职能,即省政府批准成立的碧塔海省级自然保护区管理所、迪庆州政府批准成立的香格里拉普达措国家公园管理局。

2008 年,环境保护部和国家旅游局联合批准了黑龙江汤旺河国家公园为国家公园试点(专栏 7-3),同时将中国国家公园定义为:国家为了保护一个或多个典型生态系统的完整性,为生态旅游、科学研究和环境教育提供场所,而划定的需要特殊保护、管理和利用的自然区域。它既不同于严格的自然保护区,也不同于一般的旅游景区,国家公园以生态环境、自然资源保护和适度旅游开发为基本策略。该定义与 IUCN 关于国家公园的理念与模式基本一致。

专栏 7-3　"汤旺河国家公园"试点探索

2008 年 10 月,环境保护部和国家旅游局联合批准建设"黑龙江汤旺河国家公园"。该国家公园地处小兴安岭南麓,范围包括汤旺河原始森林区和汤旺河石林区。此区域是松花江一级支流汤旺河的源头,植被覆盖率 99.8% 以上。以红松为主的针阔叶混交林是亚洲最完整、最具代表性的原始红松林生长地,同时分布着大量云杉、冷杉、白桦、椴树等多达 110 余种的珍贵树种。区域内自然景观独特,百余座花岗岩石峰构成了奇特的地质地貌,是目前国内发现的唯一一处造型丰富、类型齐全、特征典型的印支期花岗岩地质遗迹。但范围与国家林业局的黑龙江小兴安岭石林国家森林公园和国土资源部的黑龙江伊春花岗岩石林国家地质公园有交叉重合。

从地方到中央多层次、多部门都参与了国家公园建设的探索,使"国家公园"的概念在中国从无到有,从实际意义上讲,上述国家公园试点的探索对推动我国国家公园发展具有重要的开拓性意义。

7.2.2　中国台湾地区国家公园的发展

　　追溯中国台湾地区国家公园的发展历程，最早源自1933年的日本占领时期，当时依据台湾岛屿特殊景观，先后将玉山—阿里山一带命名为新高阿里山国立公园，将太鲁阁—雪霸一带命名为次高太鲁阁国立公园，将阳明山—观音山一带命名为大屯国立公园。当时设立国家公园的目的是修复过度开发的自然资源，后因日本战败而废止。到1972年，中国台湾"内政部民政局"成立"国家公园法"拟定小组，起草并颁布了"国家公园法"，当时选定了太鲁阁国家公园为第一处预选地，但由于缺乏环境保护观念，所以其实际执行效果不理想。1979年，"行政院"通过关于台湾地区综合开发计划，指定了玉山等9个地区为国家公园预定区域，并于1982年选定垦丁为第一个国家公园，1984年成立管理机构。之后相继建立了玉山、阳明山、太鲁阁、雪霸、金门、台江、东沙环礁和澎湖南方四岛8个国家公园。台湾地区国家公园占台湾地区总面积的8%左右，其主要功能是①开展生态环境监测与保育；②提供国民游憩及繁荣地方经济；③促进学术研究及环境教育。

7.2.3　中国国家公园发展的新阶段

　　2013年11月，中共中央十八届三中全会通过的《中共中央关于全面深化改革若干重大问题的决定》（以下简称《决定》）中首次提出"加快生态文明制度建设……坚定不移实施主体功能区制度，建立国土空间开发保护制度，严格按照主体功能区定位推动发展，建立国家公园体制"。2015年5月发布的《中共中央　国务院关于加快推进生态文明建设的意见》也明文提出"建立国家公园体制，实行分级、统一管理，保护自然生态和自然文化遗产原真性、完整性"。同年9月发布的《生态文明体制改革总体方案》明确提出"（十二）建立国家公园体制"，"加强对重要生态系统的保护和永续利用，改革各部门分头设置自然保护区、风景名胜区、文化自然遗产、地质公园、森林公园等的体制，对上述保护地进行功能重组，合理界定国家公园范围。国家公园实行更严格保护，除不损害生态系统的原住民生活生产设施改造和自然观光科研教育旅游外，禁止其他开发建设，保护自然生态和自然文化遗产原真性、完整性。加强对国家公园试点的指导，在试点基础上研究制定建立国家公园体制总体方案。构建保护珍稀野生动植物的长效机制"。

　　为了贯彻落实《决定》精神，环境保护部于2014年3月批准浙江省开化、仙居开展国家公园试点工作，并明确"国家公园是以自然生态保护为主要目标，是一种科学处理生态环境保护与资源开发利用关系的保护管理发展模式。在保护生态系统完整性和生态系统服务功能的前提下，可以适度开展科研、教育、旅游活动，禁止与保护目标相抵触的一切开发利用方式。试点县应在国家公园建设试点过程中，不断借鉴'政府主导、多方参与，区域统筹、分区管理，管经分离、特许经营'等国际先进经验，始终把握国家公园'既不同于严格的自然保护区，也不同于一般的旅游景区'的本质特点，协调处理好环境与发展、保护与利用、经济与社会等方面的关系，将国家公园建设好、管理好"。

2015 年 1 月，国家发改委、中央编办、财政部、国土资源部、环境保护部、住房和城乡建设部、水利部、农业部、国家林业局、国家旅游局、国家文物局、国家海洋局、国务院法制办 13 个部委签发《建立国家公园体制试点方案》，明确了北京、青海、云南等 12 个国家公园体制试点省（市），选择了三江源、神农架、武夷山、钱江源、南山、长城、香格里拉普达措、大熊猫和东北虎豹 9 个国家公园体制试点区。试点期限为 3 年，2017 年年底前结束。试点工作重点在加强生态保护、统一规范管理、明晰资源权属、创新经营管理、促进社区发展等方面开展试点创新，形成统一、规范、高效的管理体制和资金保障机制，统筹保护和利用取得重要成效，形成可复制、可推广的保护管理模式。

2015 年 10 月发布的《中共中央关于制定国民经济和社会发展第十三个五年规划的建议》更明确提出在"十三五"期间"建立国家公园体制，整合设立一批国家公园"，说明在"十三五"期间完成国家公园体制试点工作，并产生一批真正的国家公园。

目前，"国家公园"在中国得到了前所未有的关注度，从国家和各地方政府、研究人员、公司企业、非政府组织等社会各界都广泛关注。一系列的指导性文件也助推了国家公园体制的建设。可以说中国国家公园已进入了快速发展的新阶段。

7.3　国家公园体制建设方向

7.3.1　概念与功能定位

7.3.1.1　国家公园定义及内涵

由于目前我国尚未对国家公园定义及其内涵进行明确界定，因此，根据我国生态环境、自然遗迹和景观保护现状，借鉴世界自然保护联盟（IUCN）及世界各国家和地区对国家公园的定义，我们认为中国的"国家公园"是指为保护具有典型性、代表性、稀有性的一个或多个完整生态系统，以及具有重要科学、美学和文化价值的自然遗迹和景观，按照自然地理单元依法划定、由国家统一特殊保护和管理的区域。

国家公园不同于通常理解的公园，它是一种能够合理处理生态环境与自然资源开发利用关系，统筹兼顾当代人和后代人的权利，既不能为了当代人而损害后代人的发展能力，也不能为了后代人利益就剥夺当代人应该享有的权利，以最小利用实现最大保护的一种有效保护模式。中国的国家公园有以下两个主要特征：一是国家公园生态系统的完整性和原真性，即国家公园通常都以天然形成的系统组成完整、组织结构完整、功能健康的一个或多个自然生态系统为基础，以天然的自然遗迹和景观为主，人工设施只是必要辅助；二是国家公园生态系统自然遗迹、景观的典型性、代表性和稀有性，即国家公园是全国同类生态系统和自然遗迹、景观中典型代表区域，通常为全国所罕见，并在世界上都有着不可替代的重要而特别的影响。

7.3.1.2 国家公园的功能定位

国家公园将是我国自然保护地体系中最为重要的一种类型，由国家划定并统一管理，土地和自然资源均归国家所有或管控，建设管理所需资金以中央财政投入为主，并具有保护、科研、宣教、旅游等功能。

（1）保护功能

国家公园保存了重要的生态系统和自然资源，是我国生态安全格局的骨架和重要节点；此外，国家公园拥有完整、健康的生态系统，区域生态调节功能强，具有维持和提升区域生态环境质量的重要作用，是维系我国生态功能的关键区域。

（2）科研功能

国家公园具有极其重要的科学和研究价值，可直观反映关键区域生态系统和自然资源的现状和演变趋势，为生态环境保护与恢复提供科学的背景数据，是我国最重要的科研平台。

（3）宣教功能

国家公园蕴含丰富的生物、地质、环境、历史文化等知识，是人们了解、学习自然科学和人文历史，激发环境保护意识，增加民族自豪感，培育爱国主义精神的重要基地。

（4）旅游功能

国家公园景观独特、观赏价值高，代表国家形象，国民认同度高，在降低人为因素干扰和影响的前提下，给国民提供了亲近自然、了解自然、愉悦身心的场所。

7.3.2 划建方案

国家公园的划建由国家主导，开展顶层设计，采用自上而下的方式进行建设。同时考虑参与国家公园建设的积极性、对本地自然资源熟识、利益相关等因素，也要与地方政府和社区居民沟通协调，结合自下而上的方式。划建国家公园包括选择拟建区，开展详细的基础调查、评价和可行性论证，组建管理机构统一行使自然资源监管，明确国家公园边界范围并整合现行各类保护地等步骤，具体如下。

7.3.2.1 从全国尺度进行顶层设计，选择国家公园拟建区

根据温度、水分、植被、土壤等因素，对全国范围进行自然地理区域划分。在每个自然地理区域依据植被、野生生物、地质地貌等各种自然要素特征，结合主体功能区规划重点生态功能区和禁止开发区、生态功能区划、生态保护红线和生物多样性优先保护区域等区划或规划，结合国家公园定义和内涵，选择具有国家公园意义的拟建区。拟建区必须满足以下条件：

1）具有一个或多个完整的生态系统；

2）具有本自然地理区域的地质、地貌、植被、野生动植物和生态系统的典型特征；

3）处于自然状态，或是生态系统面临压力具备恢复的潜力；

4）具备开展科研、教育、欣赏游憩活动的条件。

7.3.2.2 开展基础调查与评价，进行可行性论证

对选定的国家公园拟建区进行详细的基础调查和评价，包括自然环境、生物资源、人文资源、游憩资源、社会经济、建设条件、法律法规、法定规划等方面，系统掌握拟建地的基本情况、资源条件、建设条件及存在问题，尤其是现行自然保护地建设管理情况。由中央国家公园管理部门组织地方政府、相关部门、社区居民、企业、非政府组织等相关方共同协商，研究、论证建立国家公园可行性。

7.3.2.3 组建管理机构，取得自然资源监管和空间用途管制职能

由中央国家公园管理部门组建派出机构，对国家公园进行建设和管理。将国家公园拟建区内国有土地及自然资源委托国家公园管理机构负责监管、保护和管理。与集体土地及自然资源资产管理机构开展协商，协商内容包括明确公园边界、土地规范使用（征收、租用或其他方式）细节、传统资源利用方式等，最终实现由国家公园管理机构行使用途管制职能。

7.3.2.4 确定国家公园边界范围，整合各类自然保护地

根据国家公园管理目标和保护对象，明确国家公园范围，划定边界和功能分区。对国家公园范围涉及的各类自然保护地按程序系统整合，统一纳入国家公园管理。

7.3.3 整合优化管理体制

7.3.3.1 国家层面整合相关职能，建立国家公园管理部门

与全国自然资源资产管理体制改革相衔接，实行自然资源用途管制制度，重点考虑生态环境和自然资源保护的特殊性和专业性，按照自然资源资产所有者和监管者分离，以及一件事情由一个部门负责的原则，整合国土、环保、住建、林业、农业等部门相关职能和人员，组建国家公园管理部门，统一负责国家公园、自然保护区和其他各类保护地监管工作。将林业、环保、住建、文物、国土、水利、农业、海洋、旅游等相关部门与自然保护区、风景名胜区、森林公园、地质公园、湿地公园、海洋特别保护区（含海洋公园）、水利风景区、矿山公园、种质资源保护区、沙化土地封禁保护区、国家公园（试点）和沙漠公园等各类自然保护地建设和管理职能划归国家公园管理部门。将相关部门组织、指导、协调、监督野生动植物（包括水生野生动植物）保护和合理开发利用职能划入国家公园管理部门；将指导、监督植物资源迁地保护职能划入国家

公园管理部门。

国家公园管理部门职责包括：

（1）制定全国国家公园和自然保护区发展规划

结合全国主体功能区规划、国土空间生态格局和生态红线划定，综合考虑生态系统完整性、区域资源禀赋、生态保护目标和自然保护地布局，尤其重点关注自然保护地交叉重叠、多头管理、割裂生态系统完整性、碎片化比较严重的区域，编制全国国家公园和自然保护区发展规划，科学规划国家公园、自然保护区空间布局。

（2）拟订国家公园、自然保护区政策、法规、标准和技术规范

从资源条件、适应性条件、可行性条件等方面研究提出我国国家公园的准入标准。同时，研究制定环境评价、用地管理、资源分类、分区规划、经营管理和可持续利用等方面的标准和规范。

（3）组织国家国家公园、自然保护区整合、新建和调整

根据全国国家公园和自然保护区发展规划，结合全国国土战略规划，提出国家公园和自然保护区建设、调整和整合建议。负责国家公园和自然保护区新建、调整和整合信息公布，向社会公告，接受公众监督。

（4）组织开展国家公园和自然保护区的基础资源调查

定期组织开展全国生态环境、自然资源和生物多样性调查，为制定全国国家公园和自然保护区发展规划奠定基础，指导国家公园和自然保护区建设和管理，调查周期为10年。

（5）组织国家公园建设和自然保护区管理评估

定期组织国家公园和自然保护区建设管理评估，对国家公园和自然保护区的机构与人员设置、范围界线、土地权属、基础设施、资金保障、规划制定与实施、资源本底调查、动态监测、主要保护对象变化、社区发展和人类活动影响等进行评估。对国家公园和自然保护区派出管理机构责任人实行离任审计，对违反相关法律和政策要求的违法行为追究责任。

（6）统一管理特许经营权

负责对国家公园除公共服务类活动外，餐饮、住宿、购物、交通等其他营利性项目实行特许经营制度，负责特许经营权公开招标和授予。特许收入作为国有资产经营收入纳入财政预算，国家公园管理部门对其进行监督管理。

7.3.3.2　地方层面成立自然保护地管理部门，负责其他各类保护地管理

地方政府成立自然保护地管理部门，接受国家公园管理部门指导和监督，执行其他各类保护地的管理工作，包括各类保护地的规划、建立、管理机构设置、管理目标的制定等。

7.3.3.3　由国家公园派出管理机构，统一负责国家公园保护、管理和运营

单一的国家公园由国家公园管理部门派出机构直接管理,以中央财政预算投入为主。国家公园派出管理机构负责国家公园日常保护、管理和运营。具体职责如下:

(1) 组织资源调查与监测

定期开展生态、资源、环境等方面系统的科学考察和监测,了解并掌握国家公园自然地理、生物多样性和人文资源等情况。

(2) 编制总体规划

根据国家、区域社会经济可持续发展要求,编制总体规划,明确管理目标和主要任务。根据自然资源的重要价值及保护对象的分布情况,确定不同区域自然资源保护的管理目标及严格程度,划分科学合理的功能区。对国家公园自然资源情况,对保护、科研、宣教、资源利用及管理等在时间上、空间上进行综合部署,作为国家公园发展的蓝图。

(3) 促进社区协同发展

负责培训社区居民的生态管护、生态监测、导游讲解、文化传播、餐饮服务等职业技能,使其能够胜任国家公园有关岗位需求,提高社区居民收入。调动社区居民参与国家公园的保护与建设,充分发挥传统文化和知识对国家公园保护的作用,实现国家公园与社区协同发展。

(4) 监督管理特许经营

不能直接参与范围内的经营活动,负责特许经营项目进行监督管理。

7.3.4　建立健全管理制度

为确保国家公园管理科学有效、运行高效,应建立健全我国国家公园基本管理制度,稳步推进我国国家公园管理体制建设。

7.3.4.1　完善法律法规,实行一园一法

按照依法管理的准则,完善法律体系,出台国家公园或自然保护地专门法律,对国家公园及自然保护地保护和管理做出原则性的规定。结合各国家公园自然资源特征制定相应的管理规章,实行"一园一法",明确国家公园生态保护责任、资产权属、管理权限、运营机制、监督机制、资金投入及分配、社区权责、执法规范等,控制国家公园开发利用强度和人类活动强度。

7.3.4.2　编制发展规划,制定规范标准

结合全国主体功能区规划、国土空间生态格局和生态红线划定,综合考虑生态系统完整性、区域资源禀赋、生态保护目标、自然保护地布局及区域总体发展战略,编制全国国家公园发展规划,科学规划国家公园空间布局。同时,借鉴国外成功经验,立足我国国情,从资源条件、适应性条件、可行性条件等方面研究提出我国国家公园建设标准,并研究制定环境评价、用地管理、资源分类经营管理和可持续利用等方面

的标准和规范，形成完善的标准规范体系。

7.3.4.3　建立审批制度，规范建设程序

根据全国国家公园发展规划，按照国家公园建设标准，重点考虑现行自然保护地交叉重叠、多头管理、自然生态系统人为切割、碎片化比较严重，保护问题比较突出的区域，经过综合评估和科学论证，提出国家公园建设意见，由国家公园评审委员会进行评审和协调，提出审批建议，由国务院批准。

7.3.4.4　加强资源保护，建立长效机制

国家公园应在明确保护对象和管理目标的情况下，制定自然资源的保护机制，定期开展生态、资源、环境等方面系统的科学考察，并建立和完善生态监测体系；在生态监测的基础上，建立国家公园管理评估制度，评估国家公园自然资源管理成效；建立监督考核机制，对国家公园管理机构责任人实行离任审计，对违反国家公园相关法律和政策要求的违法行为追究责任。

7.3.4.5　推行特许经营，促进社区发展

制定国家公园社区发展和特许经营等运营管理机制。国家公园建设要协调处理好与社区之间关系，加强社区居民的生态管护、生态监测、导游讲解、文化传播、餐饮服务等职业技能培训，调动社区居民参与国家公园的保护与建设的积极性。此外，国家公园管理机构不能直接参与范围内的经营活动，国家公园开展的旅游等经营活动，实行管理机构与经营严格分开，除公共服务类活动外，餐饮、住宿、购物、交通等其他营利性项目实行特许经营制度，国家公园管理机构对其进行监督管理。

第8章　中国国家公园体制建设实践

8.1　建立国家公园体制试点基本情况

十八届三中全会通过的《中共中央关于全面深化改革若干重大问题的决定》首次提出"建立国家公园体制"。2015 年，中共中央、国务院先后印发的《加快推进生态文明建设的意见》和《生态文明体制改革总体方案》对建立国家公园体制提出了明确要求（专栏 8-1）。

专栏 8-1　《生态文明体制改革总体方案》对国家公园体制的要求

加强对重要生态系统的保护和永续利用，改革各部门分头设置自然保护区、风景名胜区、文化自然遗产、地质公园、森林公园等的体制，对上述保护地进行功能重组，合理界定国家公园范围。

国家公园实行更严格保护，除不损害生态系统的原住民生活生产设施改造和自然观光科研教育旅游外，禁止其他开发建设，保护自然生态和自然文化遗产原真性、完整性。

加强对国家公园试点的指导，在试点基础上研究制定建立国家公园体制总体方案。

2015 年 1 月，国家发改委会同中央编办、财政部、国土资源部、环境保护部、住房和城乡建设部、水利部、农业部、林业局、旅游局、文物局、海洋局、法制办等 13 个部门联合印发了《建立国家体制试点方案》，确定了青海等 12 个国家公园体制试点省（市），选择了三江源、神农架、武夷山、钱江源、南山、长城、香格里拉普达措、大熊猫和东北虎豹 9 个国家公园体制试点区（专栏 8-2）。

专栏 8-2　《建立国家公园体制试点方案》目标及重点关注内容

1. 试点区选择

国家公园体制试点区选择包括三点要求：一是代表性，即自然资源的代表性，满足保护对象保护需求；二是典型性，保护地交叉重叠、多头管理、自然生态系统人为切割、碎片化比较严重等典型性问题的区域，同时要有推广、复制作用；三是可操作性，试点区要有一定的工作基础，相对集中便于开展保护工作。

2.试点的目标

解决自然保护区、风景名胜区、森林公园、地质公园以及自然文化遗产等保护地交叉重叠、多头管理的碎片化问题，形成统一、规范、有效的管理体制和资金保障机制，自然资源资产产权归属更加明确，统筹保护和利用取得重要成效，形成可复制、可推广的保护管理模式。

3.试点重点内容

坚持生态保护第一。认真落实生态保护红线制度，严格执行相关法律法规保护要求，确保核心保护区不能动，保护面积不能减，保护强度不降低。

统一保护和管理。要对现行各类保护地管理体制机制进行整合，明确管理机构，整合管理资源，实行统一有效的保护和管理，一个保护地一块牌子、一个管理机构。

明晰资源权属。探索试点区内全民所有的自然资源资产委托管理机构负责保护和运营管理，对集体所有的土地及其附属资源，可通过征收、流转、出租、协议等方式，明确土地用途。

探索管理权和经营权分立。经营性项目要实施特许经营，进行公开招标竞价。实行收支两条线管理，建立多渠道、多形式的资金投入机制。

促进社区发展。妥善处理好试点区与当地居民生产生活的关系，试点区经营性服务应主要由周边社区提供，管理人员优先安排当地居民，特许经营要优先考虑当地居民及其创办的企业，积极吸引社会公众参与，接受社会监督，鼓励社会组织和志愿者参与试点保护和管理。

2015年3月，国家发改委发布了《建立国家公园体制试点2015年工作要点》及《国家公园体制试点区试点实施方案大纲》。截至2017年3月，《三江源国家公园体制试点方案》已由中共中央办公厅、国务院办公厅正式印发，大熊猫、东北虎豹国家公园体制试点方案已由中央全面深化改革领导小组第30次会议审议通过并正式印发，神农架、武夷山、钱江源、南山、长城和香格里拉普达措6个试点方案经建立国家公园体制试点领导小组审议，由国家发改委正式印发（专栏8-3）。

专栏8-3　三江源、东北虎豹、大熊猫国家公园体制试点方案要点

在青海三江源地区选择典型和代表区域开展国家公园体制试点，实现三江源地区重要自然资源国家所有、全民共享、世代传承，促进自然资源的持久保育和永续利用，具有十分重要的意义。要坚持保护优先、自然修复为主，突出保护修复生态，创新生态保护管理体制机制，建立资金保障长效机制，有序扩大社会参与。要着力对自然保护区进行优化重组，增强联通性、协调性、完整性，坚持生态保护与民生改善相协调，将国家公园建成青藏高原生态保护修复示范区，三江源共建共享、人与自然和谐共生的先行区，青藏高原大自然保护展示和生态文化传承区。

开展大熊猫和东北虎豹国家公园体制试点，有利于增强大熊猫、东北虎豹栖息地的联通性、协调性、完整性，推动整体保护、系统修复，实现种群稳定繁衍。要统筹生态保护和经济社会发展、国家公园建设和保护地体系完善，在统一规范管理、建立财政保障、明确产权归属、完善法律制度等方面取得实质性突破。

根据已印发的各国家公园体制试点方案，各国家公园体制试点均涉及自然保护区、风景名胜区、森林公园、地质公园、湿地公园等多个保护地类型，现行各类保护地按照生态要素类型和行政区划边界划定，导致土地及相关自然资源产权不清晰，多头管理、权责不清等体制性问题。就自然保护区而言，除北京长城外，其他各试点均涉及国家级或省级自然保护区。除三江源整合了三江源国家级自然保护区部分保护分区外，其他各试点均整合了所涉及自然保护区的全部范围（表 8-1），实现了保护面积不减少的要求。在 9 个试点区中，除北京长城试点区不涉及自然保护区外，三江源试点区所涉及自然保护区的面积占总面积的比例最大，约为 91%，而香格里拉普达措试点区该比例最小，约占 23%。自然保护区所具有的国家代表性自然资源和重要生态系统均是各试点区的主要保护对象。

各试点区现行的管理体制均涉及多家管理机构，如香格里拉普达措试点区涉及香格里拉普达措国家公园管理局、碧塔海省级自然保护区管理所、国有林管理机构以及三江并流相关管理机构；三江源试点区涉及三江源国家级自然保护区管理局、可可西里国家级自然保护区管理局及各县级政府管理部门。

8.2　青海三江源国家公园体制试点建设与管理

2005 年 1 月，国务院批准实施《青海三江源自然保护区生态保护和建设总体规划》。2011 年 11 月，国务院决定建立青海三江源国家生态保护综合试验区，范围包括：玉树、果洛、海南、黄南 4 个藏族自治州的全部 21 个县以及海西蒙古族藏族自治州格尔木市唐古拉山镇，总面积 39.5 万 km^2，其中自然保护区面积 20.13 万 km^2。2015 年 6 月，青海省委、省政府明确把探索建立国家公园体制作为青海省生态文明制度建设的重点领域加以推进。2016 年 3 月，在中共中央办公厅、国务院办公厅正式印发《三江源国家公园体制试点方案》后，青海省委、省政府召开动员大会，正式启动三江源国家公园体制试点，拉开了我国第一个真正意义上的国家公园建设序幕。

表 8-1　国家公园体制试点情况统计表 **

国家公园试点	所在地点	面积/km²	新增保护地面积/km²	整合保护地类型及范围	土地等资源权属（占总面积比/%）	自然保护区面积/km²（占总面积比/%）	试点批复时间
青海三江源	青海省玉树州治多县、曲麻莱县、杂多县，果洛州玛多县	123 100	10 175	1. 三江源国家级自然保护区（部分） 2. 可可西里国家级自然保护区 3. 扎陵湖—鄂陵湖水产种质资源保护区（部分） 4. 楚玛尔河特有鱼类水产种质资源保护区 5. 黄河源水利风景区	土地所有权全部为全民所有。除青海可可西里国家级自然保护区外，公园其他的草地使用权已落实到承包落实到牧户	112 966（91.74%）	2016.3.5
东北虎豹	吉林省珲春市、汪清县，黑龙江省宁安市、穆棱市、东宁县	14 612	9 829	1. 吉林汪清国家级自然保护区 2. 珲春东北虎国家级自然保护区 3. 吉林天桥岭东北虎省级自然保护区 4. 吉林汪清上屯湿地省级自然保护区 5. 黑龙江老爷岭东北虎国家级自然保护区 6. 黑龙江穆棱东方红豆杉国家级自然保护区 7. 珲春松茸省级自然保护区 4个森林公园（汪清兰家大峡谷国家森林公园、黑龙江穆棱六峰山森林公园及相关国有林场） 1个湿地公园（天桥岭嘎呀河国家湿地公园及相关国有林场）	国有土地（林地）面积 13 345 km²（91.3%）；集体土地 1 267 km²（8.7%）	4 447（30.43%）	2017.1.31

续表

国家公园试点	所在地点	面积/km²	新增保护地面积/km²	整合保护地类型及范围	土地等资源权属（占总面积比/%)	自然保护区面积/km²（占总面积比/%)	试点批复时间
大熊猫	四川、陕西、甘肃三省的成都、绵阳、德阳、雅安、眉山、广元、西安、宝鸡、汉中、安康、陇南等12个市（州）29个县（市、区）和卧龙特别行政区	27 134	*	42个自然保护区（甘肃 裕河省级自然保护区、白水江国家级自然保护区；陕西 天华山国家级自然保护区、皇冠山省级自然保护区、黄柏塬国家级自然保护区、太白山国家级自然保护区、太白牛尾河省级自然保护区、太白清水河珍稀水生生物国家自然保护区、观音山国家级自然保护区、佛坪国家级自然保护区、桑园国家级自然保护区、长青国家级自然保护区、周至老县城自然保护区、周至国家级自然保护区；四川 白羊自然保护区、宝项沟自然保护区、草坡自然保护区、黄龙国家级自然保护区[59.73%]、龙滴水自然保护区、卧龙国家级自然保护区、白水河自然保护区、勿角自然保护区、鞍子河自然保护区、黑水河自然保护区、龙溪虹口国家级自然保护区、九顶山自然保护区、东阳沟自然保护区、唐家河国家级自然保护区、毛寨自然保护区、瓦屋山自然保护区、周公河珍稀鱼类省级自然保护区、千佛山国家自然保护区、小寨子沟国家级自然保护区、片口自然保护区、雪宝顶国家级自然保护区、小河沟自然保护区、余家山自然保护区、大相岭自然保护区、蜂桶寨国家级自然保护区、喇叭河省级自然保护区、宝兴河珍稀鱼类市级自然保护区）1个保护小区（四川关坝沟自然保护小区）13个风景名胜区、10个森林公园、5个地质公园、4个水利风景区等80多个保护地，以及世界遗产地、林场、森工企业和省属属林业局等	国有土地占68%，集体土地占32%	15 966.26（58.84%）	2017.1.31

续表

国家公园试点	所在地点	面积/km²	新增保护地面积/km²	整合保护地类型及范围	土地等资源权属（占总面积比/%）	自然保护区面积/km²（占总面积比/%）	试点批复时间
祁连山	甘肃省（肃北蒙古族自治县、阿克塞哈萨克族自治县、肃南裕固族自治县、民乐县、中农发山丹马场、永昌县、天祝藏族自治县和凉州区）、青海省（德令哈市、祁连县、天峻县、门源县）	50 200	*	1. 甘肃祁连山国家级自然保护区 2. 盐池湾国家级自然保护区 3. 天祝三峡国家级森林公园 4. 马蹄寺森林公园 5. 冰沟河省级森林公园 6. 青海祁连山省级自然保护区 7. 仙米国家级森林公园 8. 祁连黑河湿地公园	*	39 951.84（79.59%）	—
湖北神农架	湖北省神农架林区	1 170	约21.47	1. 神农架国家级自然保护区 2. 神农架国家地质公园（部分） 3. 神农架国家森林公园（部分） 4. 大九湖国家湿地公园 5. 大九湖省级湿地自然保护区 6. 神农架省级风景名胜区	国有土地1 003.8 km²（85.8%），集体土地166.2km²（14.2%）	797.87（68.19%）	2016.5.14

续表

国家公园试点	所在地点	面积/km²	新增保护地面积/km²	整合保护地类型及范围	土地等资源权属（占总面积比/%）	自然保护区面积/km²（占总面积比/%）	试点批复时间
福建武夷山	福建省武夷山市、建阳市、光泽县、邵武市	982.59	341.32	1. 福建武夷山国家级自然保护区 2. 武夷山国家级风景名胜区 3. 武夷山世界自然与文化遗产（部分） 4. 九曲溪光倒刺鲃国家级水产种质资源保护区 12 km² 5. 武夷山国家森林公园 74.18 km²	国有土地面积 282.36km²（28.74%），集体土地 700.23 km²（71.26%）	565.27（57.53%）	2016.6.17
浙江钱江源	浙江省衢州市开化县	252	125.92	1. 古田山国家级自然保护区 2. 钱江源国家森林公园 3. 钱江源省级风景名胜区	国有土地 51.44 km²（20.4%），集体土地 200.72 km²（79.6%）	81.08（32.17%）	2016.6.17
湖南南山	湖南省邵阳市城步县	635.94	248.44	1. 南山国家级风景名胜区 2. 金童山国家级自然保护区 3. 两江峡谷国家森林公园 4. 白云湖国家湿地公园	国有土地 263.99 km²（41.5%），集体土地 371.95 km²（58.5%）。	184.66（29.04%）	2016.7.22
北京长城	北京市延庆区	59.91	*	1. 延庆世界地质公园（部分） 2. 八达岭—十三陵国家级风景名胜区（部分） 3. 八达岭国家森林公园 4. 八达岭长城世界文化遗产（部分）	国有土地 30.32 km²（50.61%），其中国有土地有权属争议 10.99 km²	—	2016.8.15

续表

国家公园试点	所在地点	面积/km²	新增保护地面积/km²	整合保护地类型及范围	土地等资源权属（占总面积比/%）	自然保护区面积/km²（占总面积比/%）	试点批复时间
云南普达措	云南省迪庆州香格里拉市	602.1	约 208.9	1. 三江并流国家级风景名胜区（部分） 2. 碧塔海省级自然保护区 3. 三江并流世界自然遗产（部分）	国有土地（林地）面积 470 km²（78.1%）；集体土地（林地）132.1 km²（21.9%）	141.33（23.47%）	2016.10.27
总计	—	218 608.54（占国土面积的 2.27%）	*	10 个国家公园体制试点共涉及 60 个自然保护区，其中国家级 32 个	—	175 101.31（80.10%）	—

注：从现有数据资料中未能得出。

* 此表信息来自各国家公园体制试点区试点方案或试点实施方案。

** 祁连山试点方案尚未批复。

8.2.1　区域选择的代表性和典型性

三江源地区位于青海省南部，地处世界"第三极"青藏高原腹地，平均海拔 4 000m 以上，是国家重要的生态安全屏障。同时，三江源地区既处于重点生态功能区，也是全国 32 个生物多样性优先区之一，具有十分重要的生态功能价值。

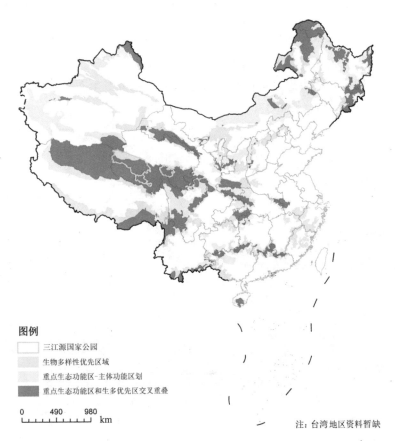

图例
- 三江源国家公园
- 生物多样性优先区域
- 重点生态功能区-主体功能区划
- 重点生态功能区和生多优先区交叉重叠

0　　490　　980
└─┴─┴─┴─┘ km

注：台湾地区资料暂缺

图 8-1　重点生态功能区和生物多样性优先区重叠示意图

8.2.1.1　黄河源园区

（1）具有全国乃至全球意义上的保护价值

黄河源园区地处三江源腹地，是中华母亲河黄河的源头区，平均海拔高达 4 500m，拥有全国乃至世界海拔最高的、密集分布的高寒湿地生态系统，其中扎陵湖—鄂陵湖是国际重要湿地。此外，园区地处青藏高原气候区的尾闾，是全球气候变化反应最为敏感的区域之一。其自然景观、生态系统和生态服务功能具有全国乃至全球意义的独特性、稀有性、典型性，保护价值极高（图 8-2）。

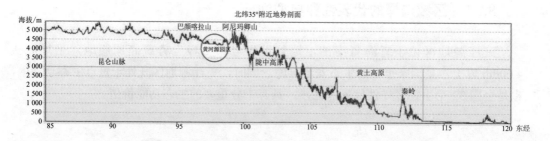

图 8-2 三江源国家公园黄河源园区所在北纬 35° 地势剖面图

（2）在国家生态安全格局中具有极其重要的地位

园区位于国家重要生态功能区，是国家"两屏三带"生态安全格局中青藏高原生态屏障的一个重要区域（图 8-3）。

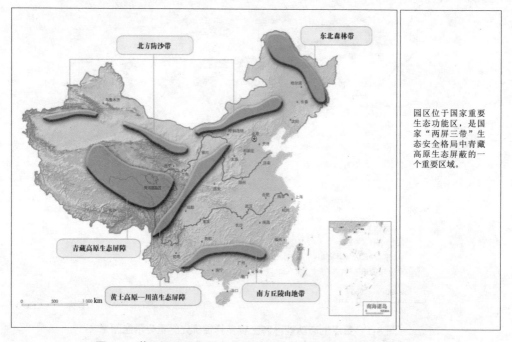

园区位于国家重要生态功能区，是国家"两屏三带"生态安全格局中青藏高原生态屏蔽的一个重要区域。

图 8-3 黄河源园区在国家"两屏三带"生态安全格局中的位置

（3）具有较强的生态原始性和独特的生物多样性

园区地广人稀，土地利用以传统畜牧业为主，产业结构单一，人类活动对自然生态的干扰程度相对较低，由湖泊湿地、草地以及周边的冰川雪山等自然要素构成源头区完整的生态系统，保持着较好的原始性，成为高原特有野生动物的"天堂"，具有极高的生物多样性科学研究和观览价值（图 8-4，图 8-5）。

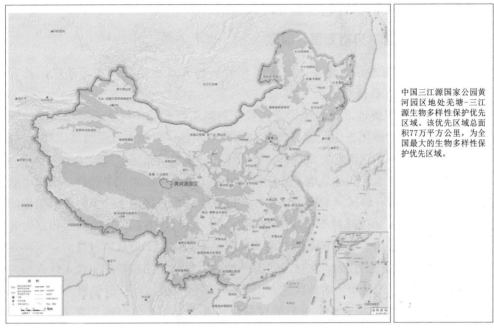

中国三江源国家公园黄河园区地处羌塘-三江源生物多样性保护优先区域。该优先区域总面积77万平方公里,为全国最大的生物多样性保护优先区域。

图 8-4 三江源国家公园黄河源园区在我国生物多样性保护优先区域中的位置

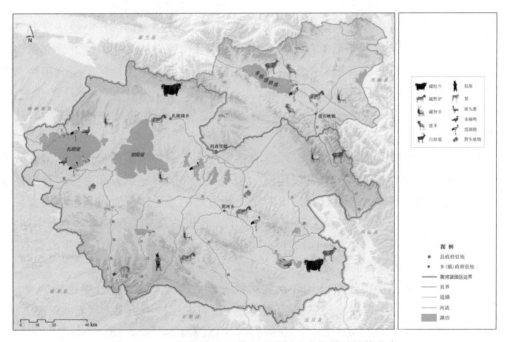

图 8-5 三江源国家公园黄河源园区重点保护动植物分布

(4)具有重要的生态文化遗产保护和传承利用价值

这里是藏族玛域文化的代表地,是格萨尔称王之地,遗迹遗址多,神话和传说流传广。特别是藏族传统生产生活方式保持着较好的原真性,逐水草而居的草原传统文化和藏传佛教相结合,形成了敬畏生命、天人合一朴素的自然保护理念。传承发扬历史悠久的民族文化、古老朴素的生态保护理念具有较高价值。

8.2.1.2　长江源（可可西里）园区

（1）长江源区生态区位重要，陆生哺乳动物的大规模迁徙和荒野景观，具有国家层面生态保护和体验价值

园区地处三江源腹地，是中华母亲河长江的源头区和其一级支流楚玛尔河的发源地，分布有大面积的冰川雪山，拥有最密集的高原湖盆，以及大尺度的高原冻土层面、高寒草原、高寒草甸和荒漠生态系统。特殊的地理环境也孕育了独特的生物区系，为藏羚羊提供了重要的产羔地和栖息地，并庇护了世界上近一半的野牦牛种群，还集中分布有棕熊、藏野驴等特有珍稀濒危野生动物，是世界上高海拔地区生物多样性最集中的地区，被誉为"高寒生物自然种质资源库"；园区内广达数万平方公里的荒野和繁衍其间的生灵，与高山、冰川、草地和湖泊一道，构成了青藏高原上最具典型性的美景，是世界第三极自然景观的杰出代表。该区域生态结构的完整性和生态功能的稳定性在很大程度上影响着我国长江流域中下游地区生态安全和可持续发展，保护价值极为重要。

（2）对在高原牧区探索生态保护管理新模式具有重要的体制示范意义

园区人口稀少、经济发展滞后、产业结构单一、经济规模总量小，同时也是全国乃至全球生态环境最为脆弱的地区之一。在该区域开展国家公园体制试点，对于探索和创新自然资源保护与合理利用相协调的绿色发展模式，研究破解社会经济发展与保护生态环境之间的矛盾，理顺现有保护地类型和多部门管理的体制机制，建立协调统一高效的管理运行机制具有重要的示范和引导作用，也可为高原地区乃至全国生态保护和社会发展提供先行示范的经验和模式。

（3）为探索一条促进高原生态脆弱地区民生发展与生态保护和谐共进的新路径积累经验

园区生态系统脆弱而敏感，生态系统的稳定性、生态环境质量和资源环境承载力决定着当地民生改善和经济社会发展程度。通过国家公园体制示范和引导，将生态保护和民生发展统筹考虑，破解日益突出的保护和发展的矛盾，探索有利于生态保护和社会发展的新机制、新模式，最大限度地激发广大牧民群众参与保护生态的内生动力，共创"开发与保护并行、开发与保护互促"的新路径，实现生态保护与民生改善双赢，具有在全国同类地区重要的示范意义。

（4）有利于为社会力量和牧民群众主动投身于生态保护搭建平台创造条件

长江源区由于地广人稀，自然气候条件恶劣，现有的保护地主要为封闭式管理方式，生态保护资金主要由政府负责投入，业务管理由部门负责，缺乏社会力量参与支持的有效机制和平台，不能广泛吸纳社会各界力量的参与和支持。加之对外宣传、对外开放度不够，该区域仍然保持相对封闭的状态，社会各界的关注度远远不够。通过国家公园体制试点建设，创新社会参与机制和模式，形成"政府搭台、全民共建、全民共享"的社会参与平台，有利于走出一条举群众之力、全民共建生态家园的路子。

8.2.1.3　澜沧江源园区

（1）澜沧江是我国和东南亚一条重要河流，在我国西南和东南亚水生态安全中具有重要地位，保护价值高

园区是国际河流澜沧江（湄公河）的源头区，属国家重要生态功能区，地处昆仑山东段和唐古拉山东段的夹持地带，平均海拔高达 4 200m。园区多年平均地表径流达 3.7 亿 m³，对维护保障澜沧江流域水资源和水生态安全作用巨大。此外，园区对气候变化反应敏感，被形象地称为高原生态系统的"温度计"。

（2）拥有独特的生态立体景观，自然生态系统原始性、完整性强；生物多样性丰富，是以雪豹为代表的特有大中型野生动物重要栖息地

园区地广人稀，传统的草原游牧文化和藏传佛教"敬畏生命、人与自然和谐"的生态理念深入人心，牧民群众保护生态环境意识强。区域海拔高、山大沟深、河流密布，道路和公共服务设施建设滞后，通达性较差，被描述为"中亚细亚高原上地势最高和人类足迹最难达到的地区"，人类活动对区域自然生态的干扰程度相对较低，自然生态系统原始性、完整性强。

（3）康巴文化、格萨尔说唱艺术、藏传佛教文化等具有重要的生态文化遗产保护和传承利用价值

千百年来，生活在这片土地的藏族人民，对佛教文化有一种特殊的感情，崇尚"天人合一"，形成了自己的康巴文化。区内还有岭格萨时期和大食王国文化遗址，孕育了独特的高原文化，是目前已濒临失传的藏族音乐格吉萨松扎的发源地。在园区沿途可欣赏到瓦里神山、喇嘛诺拉神山、大食王国遗址及火焰滩、眼镜湖、托吉药水泉等。特别是昂赛乡年多村的吉日沟内的巴艾贡色寺，被列为省级文物保护单位。

8.2.2　三江源国家公园建设基本情况

为加强对"中华水塔"、世界"第三极"生命和生态"净土"典型和代表区域的保护，青海省对自然保护区进行优化重组，增强联通性、协调性和完整性，结合乡级行政区划和自然地理界线，构建"一园三区"的国家公园，即三江源国家公园，长江源（可可西里）、黄河源、澜沧江源 3 个园区。范围包括可可西里国家级自然保护区，以及三江源国家级自然保护区的扎陵湖—鄂陵湖、星星海、索加—曲麻河、果宗木查和昂赛 5 个保护分区。涉及果洛藏族自治州玛多县，玉树藏族自治州杂多、曲麻莱、治多 3 县和可可西里国家级自然保护区管理局管辖区域。园区总面积为 12.31 万 km²，占三江源地区面积的 31.16%。其中：冰川雪山 833.4 km²、河湖湿地 29 842.8 km²、草地 86 832.2 km²、林地 495.2 km²。其中自然保护区面积约为 112 966 km²，占三江源国家公园总面积的 91.74%（图 8-6）。

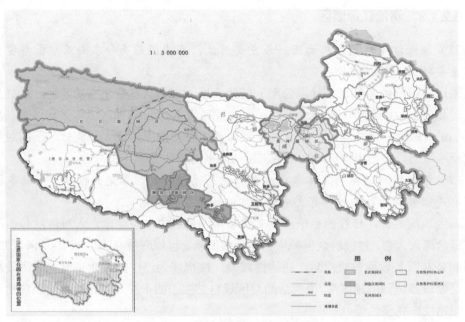

图 8-6   三江源国家公园园区范围

资料来源：《三江源国家公园体制试点实施方案》。

8.2.2.1   总体目标

在目标定位上，将三江源国家公园建成青藏高原生态保护修复示范区、三江源共建共享、人与自然和谐共生的先行区、青藏高原大自然保护展示和生态文化传承区。

1）黄河源园区：重点保护冰川雪山、高海拔湖泊湿地、高寒草甸生态系统，强化高原兽类、珍稀鸟类和特有鱼类种质资源等生物多样性保护。突出对黑土滩、沙化地及水土流失区的修复。开展黄河探源和自然生态体验，展现高原千湖景观，近距离观览野生动物，体验牧民传统生活和民族风情。

2）长江源（可可西里）园区：重点保护现代冰川、冰缘冻土、冰川遗迹、高海拔湿地、草原草甸和珍稀濒危野生动物，特别是藏羚羊、野牦牛、藏野驴、棕熊等国家重点保护野生动物的重要栖息地和迁徙通道。保存好青藏高原最完整的高原夷平面和密集的、处于不同演替阶段的湖泊群。突出对中度以上退化草地、沙化地的修复。创建青海可可西里世界自然遗产品牌。打造"野生动物天堂"展示平台，搭建长江源科考探险廊道。

3）澜沧江源园区：重点保护冰川雪山、冰蚀地貌、高寒草原草甸、高山峡谷、大果圆柏森林、灌木丛等生态要素。强化对果宗木查雪山、吉富山，澜沧江源扎曲水系，旦荣滩、莫云滩天然沼泽湿地，昂赛丹霞地质地貌等自然景观资源的严格保护；突出对有害生物的综合防治和退化草地修复；加强对旗舰种雪豹、白唇鹿、藏野驴、藏原羚、棕熊、黑颈鹤等国家级、省级野生动物保护，注重维护生态系统食物链的完整性。通过严格保护园区自然生态和自然文化，把澜沧江园区打造成高原森林峡谷览胜走廊，塑造国际河流源区探秘胜地。

8.2.2.2 基本条件

（1）自然资源

作为"中华水塔"的三江源是我国重要的淡水供给地，长江、黄河、澜沧江三大河流年均出省水量约 600 亿 m³，区域内发育和保持着世界上原始、大面积的高寒生态系统，是全球气候变化反应最为敏感的区域之一。三江源有野生维管束植物 2 238 种，国家级重点保护动物 69 种，占全国重点保护野生动物的 26.8%，素有"高寒生物种质资源库"之称。三江源国家公园自然资源概况如表 8-2 所示。

表 8-2 三江源国家公园自然资源概况

资源类型		黄河源园区	长江源（可可西里）园区	澜沧江源园区
草地资源	面积 /km²	14 757	63 016.65	30 578.73
	草地类型	高寒草甸 高寒草原 高寒荒漠 高寒草甸草原	高寒草原 高寒荒漠 高寒草甸 高寒沼泽草甸	高寒草甸 高寒草原 沼泽湿地草场 山地灌丛 山地疏林草地
	草地特点	植被稀疏、覆盖度小、草丛低矮、层次结构简单		
森林资源	面积 /km²	—	252.52	2 340
	林地类型	—	灌木林地	乔木林地 灌木林地
	植被种类	—	金露梅、银露梅	圆柏、香杜鹃、山生柳、金露梅、银露梅、匍匐水柏树、西藏沙棘
湿地资源	面积 /km²	3 031.44	23 207.46	5 410
	湿地类型	河流湿地、湖泊湿地、沼泽湿地	河流湿地、湖泊湿地、沼泽湿地、内陆滩涂	冰川雪山、河流湿地、湖泊湿地、沼泽湿地
矿产资源	矿产地数量	22	—	—
	矿产类型	煤、盐、砂金矿	—	—

（2）土地利用

三江源国家公园内共有牧户 16 621 户，其中：长江源园区 6 004 户、黄河源园区 3 383 户、澜沧江源园区 7 234 户。土地利用方式主要有草地、林地、城镇村及工矿用地、交通运输用地、水域及水利设施用地和其他土地等类型。

1）黄河源园区：园区主要包括草地、林地、城镇村及工矿用地、交通运输用地、水域及水利设施用地和其他土地 6 个类型，无耕地和园地（图 8-7）。

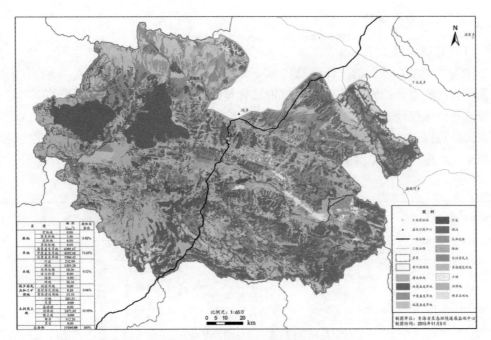

图 8-7　黄河源园区土地利用覆被

资料来源：《三江源国家公园体制试点实施方案》。

2）长江源（可可西里）园区：园区主要包括牧草地、林地、城镇村及工矿用地、交通运输用地、水域及水利设施用地和其他土地 6 个类型，无耕地和园地（图 8-8）。

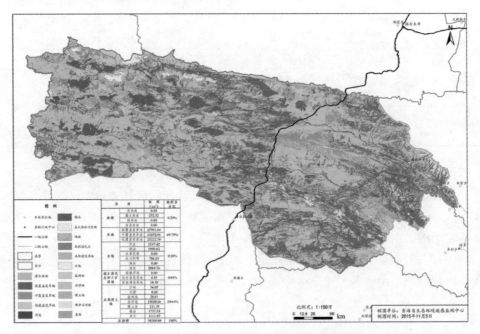

图 8-8　长江源（可可西里）园区土地利用覆被

资料来源：《三江源国家公园体制试点实施方案》。

澜沧江源园区：园区为纯牧区，无耕地，土地以草原为主（图 8-9）。

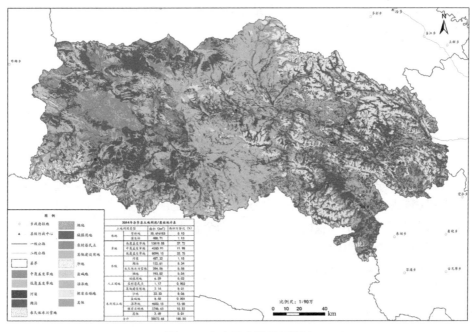

图 8-9　杂多县土地利用覆被

资料来源：《三江源国家公园体制试点实施方案》。

（3）环境资源

1）黄河源园区：一级水功能区，即黄河玛多源头水保护区水质达标，达标比例为 100%。玛多境内黄河流域 6 个河流监测断面均达到《地表水环境质量标准》（GB 3838—2002）Ⅱ类以上水质标准。玛多县城饮水水源为地下水，水质偏硬，其余评价指标均达到或优于相关评价标准的规定。

环境空气质量二级以上天数达到 82% 以上，达标率 100%。

县域生态环境状况的遥感监测结果，县域灌丛、草地面积及其分布总体稳定，草地盖度、高度和生物量有较为明显的增长，尤其低盖度草地面积减小明显，以湖泊为主的湿地面积增加了 112.4 km^2，裸地减少 56.5km^2，冰川 / 雪覆盖面积减少了 2.6 km^2，生态环境监测综合结论总体稳定，趋势向好。

2）长江源（可可西里）园区：治多县和曲麻莱县地表水环境质量保持稳定，饮用水水源地水质达标率 100%。

环境空气质量二级以上天数达到 275 天以上，达标率 93%。

生态系统敏感而脆弱，草场退化、沙化、湿地面积减少、生态功能下降、生物多样性减少状况严重。

3）澜沧江源园区：一级水功能区（源头水保护区）水质达标率为 100%。

环境空气质量一级以上天数达到 94% 以上。

县域生态环境状况的遥感监测结果，县域灌丛、草地面积及其分布总体稳定，草地盖度、高度和生物量有较为明显的增长，尤其低盖度草地面积减小明显，以湖泊为主的湿地面积增加明显，生态监测综合结论总体稳定，趋势向好。

（4）社会经济

1）黄河源园区：园区所在的玛多县，地区生产总值由 2011 年的 1.42 亿元增加到 2015 年的 2.32 亿元，年均增长 8.71%，地方财政一般预算收入由 485 万元增加到 3 703 万元，年均增长 50.24%。城镇居民人均可支配收入由 2011 年的 14 476.33 元提高到 2015 年的 26 981 元，农牧民人均纯收入由 2 839.87 元提高到 5 351 元，分别比全省平均水平低 2.55%、36.75%，是国家扶贫开发工作重点县。

2）长江源（可可西里）园区：园区是青海省经济社会发展最为落后的地区之一，社会发育程度低，经济结构单一，基础设施建设滞后，公共服务能力低。地方财政单薄，财政收入以国家财政转移支付为主。传统草地畜牧业仍为主体产业，无工业生产，商贸旅游和服务业规模弱小。牧民人均收入仅为全省平均水平的一半和西部地区平均水平的 1/3，贫困面广、贫困程度深。

3）澜沧江源园区：2015 年，杂多生产总值为 10.58 亿元。固定资产投资"十二五"期间完成 30.82 亿元（包括灾后重建），年均增长 11.6%。城镇居民可支配收入由 2011 年的 16 982 元提高到 2015 年的 24 347 元，牧民人均纯收入由 2011 年的 3 102 元提高 2015 年的 5 766 元。

8.2.2.3　三江源国家公园的建设

（1）整合各类保护地

三江源国家公园优化重组了可可西里国家级自然保护区，三江源国家级自然保护区的扎陵湖—鄂陵湖、星星海、索加—曲麻河、果宗木查和昂赛 5 个保护分区，扎陵湖—鄂陵湖水产种质资源保护区部分保护分区，楚马尔河特有鱼类水产种质资源保护区，以及黄河源水利风景区等各类保护地，增强了三江源国家公园的联通性、协调性和完整性。

（2）三江源国家公园的总体布局和功能分区

借鉴国际通行惯例，遵循突出保护价值和级别，注重保护与持续利用相协调，科学合理、兼顾集中成片的原则，将三江源国家公园划分为四个空间功能分区：核心保育区、生态保育修复区、传统利用区、居住和游憩服务区，实行差别化的保护（表 8-3）。

表 8-3　三江源国家公园的功能分区

园区	功能分区	划分原则	基本要求	面积 /km²	占比 /%
黄河源园区	核心保育区	突出原真的生态系统，珍稀濒危野生动植物栖息地，重要生态系统功能的严格保护	重要生态系统保护区域，禁止修建污染或破坏生态环境的人工设施，原则上可开展受限制的小规模的生态旅游和放牧活动	5 488.83	28.74

续表

园区	功能分区	划分原则	基本要求	面积 /km²	占比 /%
黄河源园区	生态保育修复区	退化草场，禁牧区，重点生态建设治理区	生态保护和建设重点区域，可根据保护的需要适度利用，不开展开发性生产经营活动	2 795.45	14.604
	传统利用区	保护重要生态系统功能区域，实施草畜平衡区	以保障生态畜牧业、生态旅游业为主，同时合理控制旅游开发强度和载畜量	10 810.96	56.65
	居住和游憩服务区	包括黄河乡和扎陵湖乡 19 个村规划用地、道路和基础设施、旅游景点和重要湖泊景区规划用地	所有建筑和用地布局应与国家公园整体景观相协调	呈点线状分布，占比小于 0.3%	
长江源（可可西里）园区	核心保育区	突出原始、原真的水生态景观和以藏羚羊为代表物种的野生动物主要栖息地和迁徙区的严格保护	严格保护，保持生态系统稳定	63 182.75	69.97
	生态保育修复区	以相对集中的中度以上退化草地为主，尽量成片划定	开展以自然修复为主、积极人工干预的生态保护和建设，严格限牧禁牧要求，加快草地生态修复，进一步强化野生动物保护	7 456.67	8.26
	传统利用区	以中高盖度草地面积占比大、草场资源承载力较好、生态状况保持稳定，具备生态畜牧业发展条件的地块，相对集中、成片划定	在草畜平衡的前提下合理利用草场资源，提高畜牧业产值，保护传统文化	19 649.71	21.76
	游憩体验和居住服务区	城乡规划建设用地和道路等基础设施用地	形成国家公园建设的支撑基点	10.87	0.01%
澜沧江源园区	核心保育区	突出代表性物种重点分布区的系统保护，强化主要栖息地的联通性	严格保护，保持生态系统稳定	3 205.55	23.25

续表

园区	功能分区	划分原则	基本要求	面积/km²	占比/%
澜沧江源园区	生态保育修复区	以相对集中的中度以上退化草地为主，尽量成片划定	开展以自然修复为主、积极人工干预的生态保护和建设，严格限牧要求，加快草地生态修复	3 704.63	26.87
	传统利用区	以中高盖度草地面积占比大、草场资源承载力较好、生态状况保持稳定，具备生态畜牧业发展条件的地块，相对集中、成片划定	在草畜平衡的前提下合理利用草场资源，提高畜牧业产值，保护传统文化	6 871.03	49.84
	游憩体验和居住服务区	包括园区 5 乡、19 个村规划用地、道路等基础设施用地	国家公园建设的支撑基点	5.19	0.04

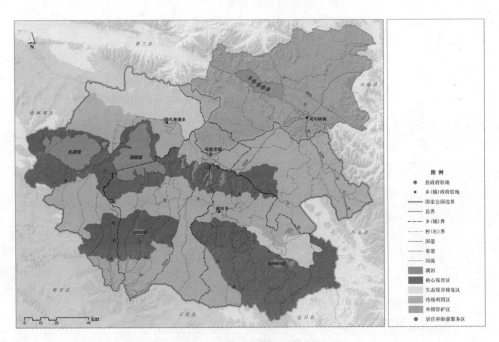

图 8-10　黄河源园区功能区划

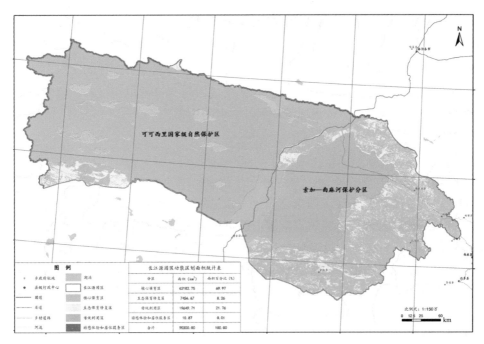

图 8-11　长江源（可可西里）园区功能区划

资料来源：《三江源国家公园体制试点实施方案》。

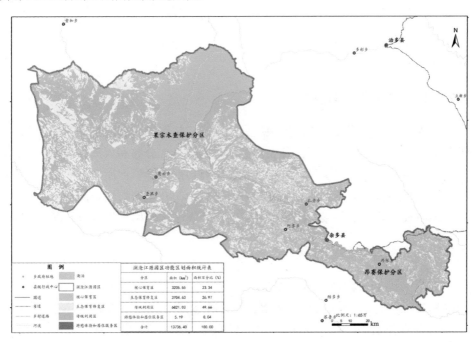

图 8-12　澜沧江源园区功能区划

资料来源：《三江源国家公园体制试点实施方案》。

8.2.3 三江源国家公园管理体制机制改革

借鉴国际上国家公园管理体制经验，结合三江源自然保护管理的实际，构建具有中国特色、三江源特点的新型国家公园管理模式，包括管理组织机构、自然资源资产管理制度、资金保障制度、法规标准和规划制度的构建。

8.2.3.1 管理机构

按照精简统一效能的原则，围绕国家公园体制试点的目标，探索建立管理有效、运行高效、责权统一的三江源国家公园"一园三区"管理实体。青海省依托原三江源国家级自然保护区管理局，将试点范围内的可可西里国家级自然保护区管理局及其他保护管理的职责、机构和人员等整合，组建了正厅级的"三江源国家公园管理局"，并在黄河源、长江源、澜沧江源分别设立园区管理委员会和党工委，对园区内的生态环境实行统一保护管理。三江源国家公园管理局作为省政府派出机构，受青海省人民政府直接领导；三个园区管理委员会受三江源国家公园管理局和地方党委、政府双重领导，隶属三江源国家公园管理局。

主要职责：贯彻执行中央和省关于国家公园体制试点的有关方针政策，组织起草试点区的地方性法规、规章草案并负责监督执行；拟订生态保护规划、计划并组织实施；依法组织开展自然资源的监测、科研、保护和管理工作；负责国家公园内基础设施、公共服务设施的管理和维护；负责特许经营、社会合作参与引导、宣传工作；承担三江源国家公园管理局交办的其他事项。

8.2.3.2 自然资源管理体制

按照自然资源资产管理体制改革顶层设计要求，按照国土资源部颁布的《自然资源统一确权登记办法》对各个园区内各类自然资源的数量、分布和权属界线进行调查。按照"在一个完整的行政区域实现统一行使全民所有自然资源资产所有者职责，统一行使所有国土空间用途管制职责"的目标，探索将区域内国有重要自然资源资产由中央政府直接行使所有权，委托给国家公园管理局管理，并依法接受相关部门业务指导和监管。

8.2.3.3 探索草场特许经营

探索建立与国家公园体制试点相适应的草场承包经营权流转形式。对生态保育修复区和传统利用区，引导牧民将草场承包经营权按照"依法、自愿、有偿"原则流转到生态畜牧业合作组织，在草畜平衡的前提下，发展适度规模经营。由管委会行使全民所有草原资源资产使用权职责，实现最严格的保护和持续有效的监管。

8.2.3.4 资金保障

为保证国家公园的公益性，在整合现有各项中央和地方投资的基础上，将国家公园的建设运行经费统一纳入国家财政预算体系，建立"国家为主、地方为辅、社会参与"的资金保障机制。

8.2.4　三江源国家公园基本管理制度和配套政策

8.2.4.1　健全保护体制

（1）完善草原生态保护补奖政策。积极争取国家草原补奖政策的支持力度，提高补助标准，扩大补助范围。

（2）探索建立湿地生态补偿和良好湖泊保护政策。三个园区湖泊数量多，面积大，水源涵养功能突出，园区先行开展湿地补偿，并积极争取列入国家湿地补偿试点，申请国家湿地补偿经费。

（3）野生动物保护补偿。在认真实施好《青海省重点保护陆生野生动物造成人身财产损失补偿办法》的同时，争取社会力量，筹集建立野生动物伤害损失补偿基金，为牧民群众提供必要的猛兽侵袭防护设施和设备，减少野生动物对人和家畜的危害和财产损失。同时，探索建立野生动物伤害损失保险机制，引入市场机制和基层组织参与机制促进人与自然和谐。

（4）山水林草湖整体保护和系统治理。通过区域整合、部门整合、职责整合，打破部门各自为政、职责分割，缺乏统一保护的局面，按照山水林草湖为一体的治理理念，整合三江源二期工程、退牧还草、水土流失治理、良好湖泊保护、生物多样性保护等资金项目，统筹规划、综合实施，达到系统修复和整体保护的目的。

（5）建立生态监测体系。在已初步形成三江源"天地一体化"生态监测体系的基础上，建立数字化、智慧化的监测指标体系和技术体系，建立年度评价和定期评估制度，为国家公园评估考核和科研宣教、社区发展提供支撑。

8.2.4.2　探索人与自然和谐发展

（1）建立生态管护公益岗位制度。近年来，为了提高三江源地区生态保护水平，青海省先后在三江源地区设立了草原管护员、湿地管护员和护林员等生态保护公益岗位。在开展三江源国家公园体制试点中，按照山水林草湖一体化管理的要求，在兼顾处理好生态保护与当地牧民收入两者关系的同时，将现有草原、湿地、林地管护岗位统一归并为生态管护公益岗位，将原本相对单一的保护职责扩展到对山水林草湖完整生态系统进行日常巡护和保护，开展法律法规和政策宣传，发现报告并制止破坏生态行为，监督执行禁牧和草畜平衡情况。使牧民由草原利用者转变为保护生态为主，兼顾草原适度利用，建立牧民群众生态保护业绩与收入挂钩机制。

（2）促进社区发展。三江源国家公园社区发展机制的核心问题应为妥善处理好各个园区与当地及周边牧民生产生活的关系。按照国家公园体制机制改革和中央精准扶贫的要求，把生态保护和精准扶贫相结合，牧民转岗就业和提高素质相结合，规范和引导社区发展。

（3）扩大社会参与。国家公园要本着公益属性、国家所有、全民共享的原则，建立社会广泛参与保护管理、科研监测、特许经营、园区服务等方面的机制，充分调动和发挥国家公园参与者的积极性和创造性，体现国家公园参与、合作、共享的社会公益价值。

（4）推进特许经营。管委会负责对园区内特许经营活动进行协调管理，完善社区居民参与特许经营。在特许经营范围内，必须优先考虑当地社区居民，优先考虑当地社区居民创办或入股的生态畜牧、特色食品和民族手工艺品等企业，鼓励社区居民自主创新。同时，为了实现国家公园管理权与经营权分离，园区管委会不能直接参与范围内的经营活动。园区内除资源管理、生态保护与监测、科学研究和宣传教育等业务外，其他诸如生态旅游产业、餐饮住宿服务、有机产品开发经营、特色产业经营等营利性项目均可实行由企业或个人参与的特许经营。园区管委会仅对其进行监督管理和指导。

8.2.4.3　科学开展生态体验和自然教育

（1）生态体验。通过建立国家公园，在保持自然生态系统原始性的前提下，依托现有的山水自然脉络、野生动物资源和自然人文资源，科学规划生态体验、游憩观光、环境教育、科普宣传、民俗文化展示模块。突出以点为主，以线为辅，点、线结合的体验观光模式，最大限度地减少人为对生态环境的干扰影响。点主要展示黄河源区的"两湖一河一碑"和三张"名片"文化和自然景观，长江源头自然生态风光、藏族文化和昆仑文化，澜沧江源头自然生态风光、格萨尔王大食王国历史遗迹、格萨尔说唱艺术和雪域山歌之乡等。线主要展示野生动物寻觅观览、探险考察、高原体验、澜沧江漂流等，使公众更好的贴近自然、感受自然、认识自然，提高其热爱大自然、保护生态环境的意识。

（2）自然教育。自然教育以科学普及和环境生态教育为主要目的，主要方式为科普画册、解说标牌、展览解说、音像解说和人员解说等，依托黄河源园区"两湖一河一碑"和三张"名片"、长江源（可可西里）园区高原地质演变过程和生物进化历史、澜沧江源园区典型河流湖泊湿地森林生态系统和丹霞地貌景观等景观资源优势，以原始、古朴、纯真、自然民族风情和格萨尔赛马称王、柏海迎亲、格萨尔文化和康巴藏族民俗风情为代表的历史文化为解说内容，向公众展示资源和解说教育。加强市场推广，充分利用广播电视、互联网、微博、微信、微电影、App 客户端等新兴媒体作为宣传手段，加大宣传力度，提升影响力，展示宣传国家公园的生态特色和环保理念。

8.3　浙江仙居国家公园试点建设与管理

浙江仙居国家公园位于浙江省仙居县境内。2014 年，环境保护部批准了仙居作为国家公园试点，要求仙居国家公园试点建设过程中，不断借鉴"政府主导、多方参与，区域统筹、分区管理，管经分离、特许经营"等国际先进经验，始终把握国家公园"既不同于严格的自然保护区，也不同于一般的旅游景区"的本质特点，协调处理好环境与发展、保护与利用、经济与社会等方面的关系，将国家公园建设好、管理好，侧重于管理体制优化整合。

　　仙居国家公园属浙东丘陵山区、括苍山北麓，生物种类多样，自然资源丰富，文化历史悠久，公园内分布着世界上规模最大的火山流纹岩地貌，是长三角经济发达地区既保持良好生态环境又拥有优美风光和丰富历史文化底蕴一块难得的净土。仙居国家公园建设规划总面积为 301 km^2，包括仙居国家公园风景名胜区、仙居国家森林公园、括苍山省级自然保护区和仙居省级地质公园；行政范围覆盖皤滩乡、淡竹乡、白塔镇、田市镇 4 个乡镇的部分区域，东西长 20.8 km，南北宽 21.1 km。

8.3.1　区域建设条件分析

8.3.1.1　仙居国家公园建设的优势条件

（1）生物种类多样，自然资源丰富

　　仙居国家公园内的植被是中亚热带常绿阔叶林在我国东部低海拔沟谷地带的典型代表，以壳斗科树种为主要建群种，组成成分中还有樟科、木兰科、山茶科、冬青科、山矾科等种类，区系成分复杂，层次分明，植物种类丰富；境内的大片林分起源比较原始基本呈自然原生状态，保存有完整的一片天然阔叶林，分布着大量数百年乃至上千年的古树和古树群落，境内分布着较多国家重点保护动植物资源，且是 11 种植物的模式标本产地；境内分布的近万株刺叶栎，为浙江省唯一分布地，是稀有的种质资源，具有很高的保护和科学研究价值。同时，境内的复活破火山是中生代活动大陆边缘复活型破火山的典型代表，其形成、演化不仅是中国也是西太平洋亚洲大陆边缘巨型火山带的典型代表，具有时间、空间上的独特性，是一处典型的复活破火山的天然模型。火山岩地貌类型齐全、数量众多，系统、完整地解释了火山岩地貌形成、发展和演化的过程，对火山流纹岩地貌具有非常好的补充和完善作用，在我国内具有代表性，具有很高的科学价值。

（2）优质的自然环境条件

　　浙江仙居国家公园具备优秀的自然环境条件，本区森林覆盖率高达 97% 以上，负氧离子含量最高值可达 8.8 万个 /cm^3，有"天然氧吧"之称。环境空气质量监测结果显示，SO_2、NO_2、TSP 的测值均达到《环境空气质量标准》（GB 3095—2012）一级标准；水质现状监测结果表明水质均达到《地表水环境质量标准》（GB 3838—2002）I 类水质要求；噪声监测结果，区域内环境噪声质量为优。

（3）历史悠久的文化资源

　　仙居国家公园有新石器时代的下汤原始社会村落遗址；有填补东南空白的春秋时期广度古越族文字和汉代朱溪岩画；有世上现在最早的照明路灯——石柱灯；有建于东汉兴平元年的石头禅院，寺外有现存世界上最大的晋代摩崖石刻"佛"字；有高迁古居民及宋窑遗址。仙居国家公园境内的"蝌蚪文"，传说其来历和大禹治水有关，带有神秘的原始气息，强烈地吸引后人的目光。汉晋、北宋时均有官宦组织人员探寻未果，今人探索方兴未艾。目前，蝌蚪文与夏禹书、红岩天书、巴蜀符号和东巴文字等一起被称为中国八大未破解的古文字。

（4）地处长三角经济发达地区

仙居国家公园地处长三角的区域范围内，这一地区是我国人口较为集中且生活水平较高的区域，旅游度假和休闲养生已成为人们普遍、基本的生活需求和心理需要。而周边地区的环境破坏速度与经济社会发展速度成正比，旺盛的市场需求和有限的资源之间的矛盾日益突出。仙居国家公园是长三角地区既保持着良好生态环境又拥有优美风光和丰富历史文化底蕴一块难得的净土，具有重要的水源涵养、净化水质、水土保持、物种数量调节等调节服务，休闲娱乐、文化艺术、激励灵感等文化调节，土壤有机质形成、水分养分循环、生物多样性类别等支持服务，是区域生态安全的重要屏障。随着台金、诸永高速公路的开通，形成了省内城市 1～2 个小时交通圈（省内 4 个机场全部在辐射范围）、省外长三角地区城市 3～5 小时交通圈，大大缩短了仙居至长三角地区重要城市的距离，仙居国家公园与长三角地区立体交通网络的形成，为其借助区域优势提供了基础支撑。

8.3.1.2 仙居国家公园建设管理所面临的问题

（1）不同自然保护地空间重叠或交叉严重

长期以来，仙居国家公园在区域空间上，其所在区域分别为仙居国家级风景名胜区、仙居国家森林公园、括苍山省级自然保护区、仙居省级地质公园等自然保护园地所在区域，各类自然保护地空间上交叉或重叠严重，其中省级自然保护区、国家森林公园与国家级风景名胜区彼此相互交叉或重叠，省级地质公园与国家级风景名胜区完全重叠，造成景观价值和生态价值越高的区域，重复建立的保护地类型与数量也越多。自然保护地交叉和重叠引起了重复建设、重复投资，增加了管理成本，浪费了行政资源。

（2）多部门管理割裂生态系统完整性

国家公园内森林、湿地、野生动植物、自然遗迹等生态环境要素不是孤立存在的，各生态要素之间相互关联、相互作用，共同构成一个生态系统的有机复合体，并发挥着重要生态服务功能，但长期以来国家公园内各类自然保护地分属林业、旅游、国土、住建等多部门管理，所在其他区域也分由各乡镇管理。各行业部门按照职责分工管理相关的生态要素，进行条块分割式管理，难以对国家公园区域内其他生态要素实施综合管理和整体保护，人为割裂了区域生态系统的完整性。

（3）缺乏统一规划，无序开发利用

当前国家公园内各类自然保护地均依据不同的法律或部门规章进行管理，管理目标和管理要求不一致，缺乏对国家公园区域内自然资源进行统一规划，缺乏统筹管理土地空间的分功能使用。此外，由于受到经济社会发展的驱动，在"重开发，轻保护"的思想下，将国家公园内自然资源作为商品进行企业化运作，且在缺乏统一规划的情况下，无序开发和过度建设，忽视了区域生态环境和自然资源的保护和可持续利用，尚未实现生态、社会、经济三大效益综合有效发挥。

（4）保护设施相对落后，资金相对缺乏

目前，仙居国家公园生态环境和自然资源保护所需基础设施建设相对落后，各类自然保护地自然生态保护设施还很不完善，设备还比较落后，影响了自然保护管理水平发挥和管理成效增加。此外，国家公园所辖区域面积较大，周边人类活动频繁，自然生态保护工作需要投入较大资金建设和完善相关保护设施。目前，仙居国家公园建设和管理资金来源主要以政府投资为主，融资渠道较少，资金缺口很大。因此，急需广开渠道，多方筹集资金，确保仙居国家公园试点工作的正常运行。

8.3.1.3　仙居国家公园的发展机遇

（1）建设生态文明成为我国的基本国策

党的十八大报告提出要大力推进生态文明建设，党的十八届三中全会审议通过的《中共中央关于全面深化改革若干重大问题的决议》，中共中央、国务院《关于加快推进生态文明建设的意见》和《生态文明体制改革总体方案》都明确提出在加快生态文明制度建设中建立国家公园体制，这是党中央关于自然生态保护管理思路的重大创新，对于按照主体功能区定位分类保护国土、改善自然生态环境保护利用、建设生态文明和美丽中国具有重大意义，也为仙居国家公园试点建设带来了历史性机遇。改革生态环境保护管理体制是实现生态文明目标的重要改革举措，而国家公园是生态文明建设的重要抓手，是生态环境保护管理体制改革的核心突破点。

（2）成为国家公园建设试点县

建立国家公园体制，开展国家公园试点工作，对探索国家公园管理体制、制度准则、标准规范、法规建设、投入机制，建成生态环境保护与科学利用双赢的国家公园，探索适合我国国情的国家公园建立与发展模式，对建立和完善我国国家公园体制具有重要意义。为此，环保部并批准了仙居开展国家公园试点的申请，这对仙居国家公园而言是难得的机遇。

（3）由统一机构负责生态系统综合管理

长期以来，仙居国家公园所在区域处于各类自然保护地和地方行政管理之下，没有形成统一的保护和管理，从而带来了保护和开发利用上的无序，也割裂了生态系统的完整性，不利于自然生态环境的保护，也不利于丰富自然资源的可持续利用。目前，仙居国家公园已建立国家公园管理机构，统一管理可以实现仙居国家公园的统一规划、统一保护、统一开发和统一管理，从而使仙居国家公园管理走上了系统化、规范化、有序化的科学发展道路。

（4）地方政府大力支持国家公园建设

浙江省、台州市和仙居县均高度重视仙居国家公园的建设，尤其是仙居县始终坚持党委的坚强领导和政府的强势推动，前期试点工作内容全部上升为县委书记或县长办公会议讨论议题。县委常委扩大专题会议、县政府常务副县长协调会议、分管环保的副县长重点工作抓落实会议等先后对试点工作做了协调、部署。专门成立了以县委书记、县长为组长，常务副县长、分管环保副县长、人大、政协相关领导为副组长，相关部门主要负责人为成员的仙居国家公园试点县工作领导小组，领导小组下设办公室，建立了体制机制、规划调查、政策研究3个工作组，推进国家公园试点工作。2015年7月成立了仙居国家公园管理委员会。

8.3.1.4　建设仙居国家公园面临的挑战

（1）如何提高自然生态环境保护效率

当前，仙居国家公园由风景名胜区、森林公园、自然保护区和地质公园等各类自然保护地及地方政府按职责分别管理，存在区域交叉重叠、多头管理、政出多门的现实问题，严重影响了自然生态环境保护成效。仙居国家公园未来的重点工作之一就是管理体制改革，整合相关管理机构和职能，优化管理体制，制定符合本区域实际情况的国家公园试点建设与管理规章制度，提高国家公园的自然生态环境的保护效率。

（2）正确处理保护和资源开发利用之间的关系

如何解决自然生态环境保护和资源开发利用之间的矛盾仍是仙居国家公园管理过程所面临的最大挑战之一。仙居国家公园的首要任务是自然生态环境保护，在保护生态系统完整性和生态系统服务功能的前提下，适当开展科研、教育、旅游等活动，要禁止与保护目标相抵触的一切开发利用形式。此外，仙居国家公园还需高度重视与社区居民之间的关系，如何改变当地产业结构和带动地方经济状况，如何让本地社区和居民真正地从国家公园建设和管理中受益仍将成为仙居国家公园建设和管理所面临的又一挑战。

（3）资源开发利用空间竞争形势严峻

仙居国家公园自然资源的可持续利用，是保护国家公园核心资源、提高自然生态保护成效的根本。但在自然资源开发利用过程中，主要受到来自周边地区的竞争压力。仙居国家公园周边，无论是天台山还是缙云山，自然资源都是以山水为特色，地域的接近性，从而导致了自然资源属性的类似性，而自然资源的类似性，又导致了开发利用项目的无差异性。在自然资源和服务雷同的情况下，哪个地区能形成规模效应和集聚效应，就可以在竞争中脱颖而出。因此，仙居国家公园空间竞争形势非常严峻。如何做好资源组合开发，形成品牌效应，扩大影响是仙居国家公园资源开发利用制胜的关键。

（4）作为首批试点，国家公园建设没有参照和模板

仙居国家公园作为党的十八届三中全会改革决定提出建设国家公园体制以来的首批建设试点，在协调处理好环境与发展、保护与利用、经济与社会等方面的关系时，缺少可借鉴的已成功的建设和管理经验。因此，仙居国家公园在筹备、建设和管理过程中都需牢记国家公园的主要目标，科学处理好生态环境保护与资源开发利用之间的关系，及时总结经验教训，努力将仙居国家公园建设好、管理好。

8.3.2　仙居国家公园建设基本情况

8.3.2.1　总体目标

仙居国家公园以保护典型亚热带阔叶林生态系统和生物多样性，以及中生代火山和火山岩地貌景观为主要地质遗迹和地质景观为根本任务。同时，仙居国家公园将为公众提供休闲娱乐、环境教育和科学研究的机会，以增加人们对仙居国家公园优越的生态环境和丰富的自然资源景观的了解和认识。

仙居国家公园的建设将始终坚持以自然生态保护为主要目标，在保护生态系统完整性和发挥生态系统服务功能的前提下，适度开展科研、教育、旅游活动，禁止与保护目标相抵触的一切开发利用方式。仙居国家公园要在不断借鉴"政府主导、多方参与，区域统筹、分区管理，管经分离、特许经营"等国际先进经验，始终把握国家公园"既不同于严格的自然保护区，也不同于一般的旅游景区"的本质特点，协调处理好环境与发展、保护与利用、经济与社会等方面的关系，通过功能区划的创新，开展"多规合一"，实现生态、生产、生活空间的科学合理布局，建立健全绿色化发展体制机制，强化自然生态空间保护与开发利用的管制。同时，仙居国家公园作为国家公园体制改革的试点，要开展管理体制优化整合、管理机制改革等工作，为完善我国自然保护地体系，引导和规范国家公园体制建设。

8.3.2.2　基本条件

（1）自然地理概况

1）地理位置：仙居国家公园处于浙江省仙居县南部，位于北纬 28°28′14″ ～ 28°59′48″，东经 120°17′6″ ～ 120°55′51″，东、北、西三面与仙居县上张乡、田市镇、白塔镇、淡竹乡、皤滩乡和横溪镇相接，南接永嘉县。仙居国家公园境内南北宽 21.10 km，东西长 20.84 km，全境总面积 301.89 km² （图 8-13）。

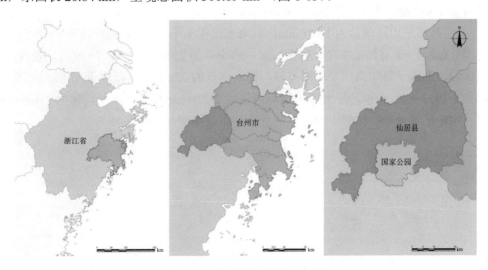

图 8-13　仙居国家公园地理位置

　　2）地质地貌：仙居国家公园地处华南褶皱系浙东沿海火山岩带中部，中生代以来强烈的火山喷发活动、岩浆活动和沉积作用，形成了大面积出露的晚侏罗纪和白垩纪火山沉积岩地层。地质构造复杂，以断裂为主。境内断裂纵横交叉，新华夏系构造为主要构造骨架。

　　仙居国家公园地处浙东丘陵山区，位于括苍山北麓，总体上属较典型的低山丘陵地貌。该区域近代地震活动少，最大有感地震为4级，其他均为微震，区域构造稳定性好。根据《中国地震烈度区划图》，本区地震基本烈度小于Ⅵ度（图8-14）。

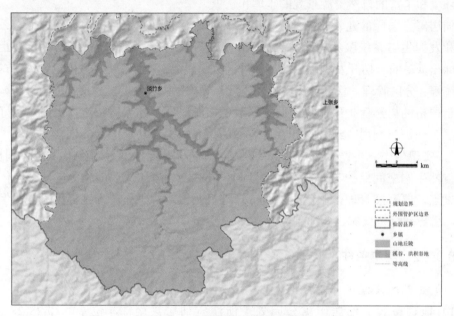

图8-14　仙居国家公园地质地貌

　　3）气候条件：仙居国家公园地处亚热带季风气候区，全境内气候温和，雨量充沛，四季分明，水、热、光资源充足。多年平均气温17.2℃，平均降水量1 644 mm，平均日照时数1 932.6 h，年均蒸发量1 260.8 mm，年平均风速1.28 m/s，多年平均无霜期为246.2天，多年平均降雨量为1 628 mm，其降水过程集中在5—6月份及8—9月份，呈双峰型分布，4—6月梅雨季节，降雨较多，占全年的25%～31%，7—9月，台风常影响该区域，形成了每年第二个降雨高峰，约占全年的32.5%。其降雨量在年际间分配也不均衡，1957—2008年，最大年平均降雨量达2 220 mm，最小年平均仅为1 150 mm。同时，由于区域地形、地貌影响，气候垂直分布规律明显（图8-15）。

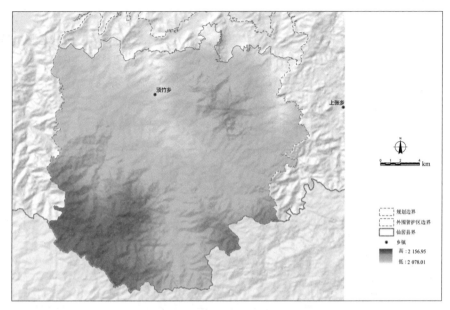

图 8-15　仙居国家公园年降雨量

4）水文条件：仙居国家公园位于括苍山脉北，属山沟山谷地貌，永安溪从国家公园北部、仙居县中部穿过，全长 141.3 km，流域面积 2 702 km²。永安溪为灵江—椒江的源头，属典型的山溪性河流，其支流呈树枝状西向东在公园境内分散分布，其中仙居县较大的支流朱溪港、十三都坑、十八都坑、朱姆溪、十七都坑、万竹坑等均发源于国家公园境内。本地区气温温和，雨量充沛，但全年雨量分布不均匀，4—6 月为梅雨季节，占全年降水量的三成左右，8—9 月为台风季节，占全年降水量的 1/3，10 月至次年 3 月为枯水期。夏季在副高压控制下，常出现久旱天气，总降水量较少（图 8-16）。

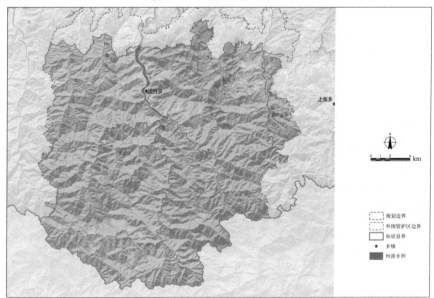

图 8-16　仙居国家公园水系

5）土壤条件：境内分布的土壤主要有黄壤、红壤、水稻土、酸性粗骨土四大类。海拔800m以上的山地分布的土壤类型主要是黄壤土；海拔800m以下分布的土壤类型以红壤、粗骨土为主；其中700～800m保存着年代较久的红壤土类，土壤呈红、酸、黏、瘦等特征，土层深厚；700m以下山地以粉红泥土、粉紫泥土或石砂土为主；在海拔约200m的，分布的多数是红沙砾岩、红砂岩或钙质紫红色砂页岩风化发育而成的红砂土或红紫砂土；水稻土由人工耕作改造而成，主要分布在地势较平坦处（图8-17）。

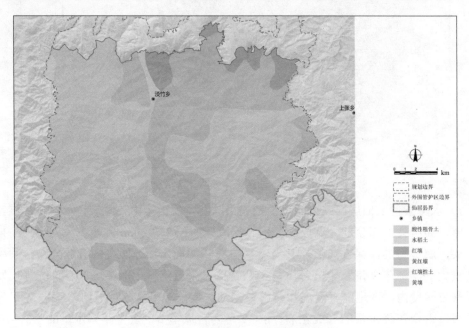

图8-17　仙居国家公园土壤分类

（2）自然资源

1）植物资源：该区植物区系成分复杂，层次分明，种类丰富，部分自然植被保存完好，在淡竹乡的俞坑和朱沙坑保存有30～40km² 的亚热带常绿阔叶林，是我国东部低海拔沟谷地带的典型代表，主要由壳斗科（Fagaceae）、樟科（Lauraceae）、山茶科（Theaceae）等树种所组成，被专家誉为浙江省内罕见的天然植物"基因库"和"植物博物馆"，浙江省植物资源丰富的地区之一。其中国家Ⅰ级保护植物有南方红豆杉（*Tuxuswallichiana* var. *mairei*），属于国家Ⅱ级保护植物有浙江楠（*Phoebe chekiangensis*）、七子花（*Heptacodium miconioides*）、厚朴（*Magnolia off icinalis*）等15种。列入《中国植物红皮书》的珍稀植物有黄山木兰（*Magnolia cylindrical*）等5种，浙江省珍稀濒危植物有少叶黄杞（*Engelhardtia fenzelii*）等10种，模式标本产于本地区的物种有长叶榧（*Torreya jackii*）等11种（表8-4）。

表 8-4　仙居国家公园植物种类

植物种类	科	属	种
蕨类植物	23	39	57
种子植物	138	629	1 423
裸子植物	5	13	18
被子植物	133	616	1 405
维管植物	**161**	**668**	**1 480**

2）动物资源：近 300 种脊椎动物中有国家 I 级重点野生保护动物 4 种，分别为白颈长尾雉（*Syrmaticus ellioti*）、云豹（*Neofelis nebulosa*）（多年未见）、豹（*Panthera pardus fusca*）（多年未见）和黑麂（*Muntiacus crinifrons*）；II 级保护野生动物有猕猴（*Macaca mulatta*）、短尾猴（*M. arctoides*）、穿山甲（*Manis pentadactyla aurita*）、青鼬（*Martes flavigula*）、水獭（*Lutra lutra*）、小灵猫（*Viverricula indica pallida*）、苍鹰（*Accipiter gentiles*）、赤腹鹰（*A. soloensis*）、雀鹰（*A. nisus*）等 33 种（表 8-5）。

表 8-5　仙居国家公园动物种类

动物种类	目	科	种
哺乳纲	8	20	49
鸟　纲	14	32	138
爬行纲	3	7	39
两栖纲	2	5	17
鱼　纲	5	14	49
脊椎动物	**32**	**78**	**292**

3）土地资源：参照全国土地利用现状调查技术规程和第二次全国土地调查所用分类系统——《土地利用现状分类》（GBT 21010—2007），根据实地调查和遥感卫星影像，将仙居国家公园内土地利用情况划分为 6 个一级类型和 12 个二级类型，具体的一级土地利用类型为：耕地、林地、草地、水域及水利设施用地、其他土地和城镇村及工矿用地 6 类。仙居国家公园的生态系统类型丰富多样，主要包括农田生态系统、森林生态系统，其他生态系统类型所占比例都很小。森林生态系统是面积最大的一类生态系统，其面积占到整个国家公园生态系统面积的 91.86%。农田生态系统为第二大生态系统，其面积占到国家公园生态系统面积的 4.81%。土地利用统计见表 8-6，利用现状如图 8-18 所示。

表 8-6 土地利用统计表

一级分类	二级分类	国家公园		外围管护区	
		面积 /km²	比例 /%	面积 /km²	比例 /%
耕地	水田	8.84	2.93	7.04	15.73
	旱地	5.67	1.88	2.33	5.20
林地	有林地	208.34	69.01	26.77	59.77
	灌木林地	45.26	14.99	0.10	0.22
	其他林地	23.71	7.85	5.00	11.16
草地	其他草地	3.23	1.07	0.28	0.62
水域及水利设施用地	河渠	3.03	1.00	0.76	1.69
	水库坑塘	0.06	0.02	0.26	0.58
	滩涂	0.86	0.28	0.45	0.99
城镇村及工矿用地	农村居民点	1.38	0.46	1.26	2.82
	其他建设用地	0.64	0.21	0.51	1.13
其他土地	裸地	0.86	0.29	0.03	0.06
总计		**301.89**	**100.00**	**44.79**	**100**

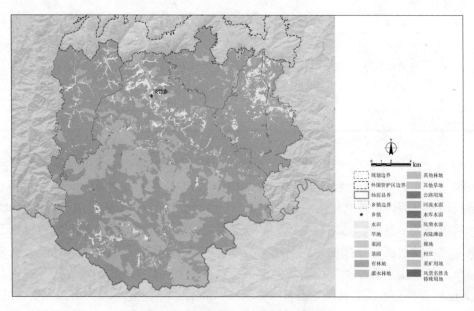

图 8-18 仙居国家公园土地利用现状

4）地质遗迹资源：仙居国家公园以中生代火山和火山岩地貌景观为主要地质遗迹和地质景观，主要地质遗迹类型以地貌景观类、水体景观类为主，矿物、岩石与矿床大类、地质剖面大类、地质构造大类次之，环境地质遗迹景观大类和古生物大类数量较少。共有各类地质遗迹 156 处，其中地貌景观大类最为丰富，共有 104 处，占总数的 66.7%，次为水体景观大类地质构造遗迹类，共 24 处，占总数的 15.4%（图 8-19）。

图 8-19　仙居国家公园地质遗迹

（3）环境资源

1）水质：仙居国家公园境内各水库山塘和溪流水质较好，水质多为国家地表水Ⅰ～Ⅱ类标准，其中很多河段水质优良，各项指标均达Ⅰ类水质标准。

2）空气质量：空气质量标准执行《环境空气质量标准》（GB 3095—2012）和《环境空气质量功能区划分原则与技术方法》（HJ 14—1996）。国家公园所在地属仙居县环境空气质量功能一类区，执行一级标准，根据仙居县环境空气质量自动监测站监测统计结果和监测数据显示，各项指标达到一级标准。

根据近几年仙居县环境空气监测数据统计显示，二氧化硫（SO_2）、二氧化氮（NO_2）、可吸入颗粒物（PM_{10}）年均值全部达《环境空气质量标准》（GB 3095—2012）一级标准，其中二氧化硫（SO_2）、可吸入颗粒物（PM_{10}）指标 2012 年同比 2011 年呈下降趋势，二氧化氮（NO_2）呈上升趋势，影响最大的因素是机动车数量增加，但环境空气质量均符合环境功能区要求。

3）声环境质量：噪声环境质量采用《声环境质量标准》（GB 3096—2008）。仙居国家公园的主要噪声污染是生活噪声源和交通噪声源。生活噪声源主要来自淡竹乡，交通噪声源主要为交通旅游干线两侧。

根据仙居功能区定点噪声监测结果显示，国家公园各功能区噪声年平均等效声级均能够达到功能区要求（0 类和 1 类声环境功能区），声环境处于良好状态。近几年仙居道路交通噪声值呈平稳趋势，总体达到道路交通噪声标准级，其状况良好。

（4）旅游资源

仙居国家公园境内峰峦起伏，河流纵横，自然景观独特，旅游资源十分丰富。同时，仙居历史悠久，古遗址、古建筑、寺院、石刻等人文遗迹众多。此外，仙居在中国本土的道教神仙文化方面独具特色。仙居国家公园由国家重点风景名胜区和国家 AAAA 级旅游区组成，保留了原汁原味的纯自然生态景观，具有较高的科学价值、美学价值和历史文化价值。

　　根据统计，国家公园范围内共有景点 111 个，其中特级景点 1 个，一级景点 9 个，二级景点 14 个，三级景点 26 个，四级景点 61 个。根据《仙居国家公园建设规划》，国家公园规划范围内二级以上景点 24 处（图 8-20），表 8-7 为公园内二级以上景点。

图 8-20　仙居国家公园范围内二级以上景点分布

表8-7 国家公园内二级以上景点汇总表

大类	中类	序号	景点名称	小类	级别	景点位置	景点概况及景观特色
自然景源	天景	1	景星望月	日月星光	一级	景星岩景区	传统的"仙居八景"之一，景星岩三面崖壁陡峭，高差120～200m。整体形象方正如城，十分壮观。既是各方向的景观中心，又是绝佳的观景高台
		2	双溪架日	日月星光	二级	神仙居景区	仙居八景之一，两座高耸的石柱峰对峙，每岁农历二月廿二左右，太阳恰好从两峰之间升起
		3	公婆岩	奇峰	二级	神仙居景区	两座孤峰与饭蒸岩共为一组离高峰，但规模较小，巨石似饭公饭婆
		4	鸡冠岩	奇峰	一级	神仙居景区	独立柱峰，高约120m，卓然独立。神造型情趣盎然。形态因视角不同而神幻多变，多
		5	将军岩	奇峰	一级	神仙居景区	一山峰酷似一位英姿飒爽的将军侧面相
		6	西天门	峡谷	二级	神仙居景区	五老岩与擎天柱之间的V形谷形成天门，望之幽深高远，云雾来时更是变幻莫测
	地景	7	景星岩	奇峰	一级	景星岩景区	5km² 之巨岩，海拔704m
		8	鹿颈岩	奇峰	二级	景星岩景区	峰如鹿颈须引吭
		9	蝌蚪岩	山景	特级	十三都景区	"蝌蚪文"摩崖石刻
		10	天柱岩	奇峰	二级	十三都景区	山峰海拔约900m，高耸入云
		11	公盂岩	奇峰	一级	公盂岩景区	岩长达2 500m，相对高度达百米，呈棕褐色，如幕墙悬空
		12	岩嵌	山景	二级	公盂岩景区	两侧陡壁形成V形缺口，在厚重的岩壁中构成险关
		13	升天柱	奇峰	二级	公盂岩景区	独立岩柱，径达30m，相对高度达160m以上，幽深沟谷之中孤峰独立，四周绝壁环列
		14	雪洞	洞府	二级	景星岩景区	数量众多的自然洞穴集中于大片崖壁上，轮廓呈半富的曲线形，洞口平均直径约为10m，佛教神洞，相传对之许愿能实现
	水景	15	神龙瀑	瀑布	二级	公盂岩景区	落差80m，五折三潭，瀑下有清溪巨石，环境清幽
		16	十三都坑沿溪	其他水景	二级	十三都景区	独特景观
	生景	17	苦槠树林	古树名木	一级	淡竹景区	苦槠树群面积十几亩
		18	毛竹林	植物生态群	二级	淡竹景区	草本层以蕨类植物居多，牛膝、血贝愁、短毛金线草等禾本科植物较丰富

续表

大类	中类	序号	景点名称	小类	级别	景点位置	景点概况及景观特色
自然景源	生景	19	甜楮-木荷	植物生态群	一级	淡竹景区	次生原始林，物种丰富
		20	长叶榧	古树名木	一级	淡竹景区	被认为是古老类群的残遗植物
		21	南方红豆杉	古树名木	一级	淡竹景区	被认为是古老类群的残遗植物
人文景源		22	净居寺	宗教建筑	二级	景星岩景区	宋代古寺西菴寺遗址
		23	圆寂塔	宗教建筑	二级	景星岩景区	众佛僧圆寂之墓地
		24	齐氏祠堂	宗祠	二级	十三都景区	齐氏宗堂

（5）文化历史资源

1）历史文化：仙居历史悠久，文化积淀深厚，境内省级重点文物保护单位 7 处。境内有距今 7 000 多年的下汤文化遗址、有填补中国东南空白、具有重大考究价值的春秋时期广度古越族文字和汉代朱溪岩画；有世界上现存最早的照明路灯——石柱灯；有至今尚未破译的国内八大奇文之一的蝌蚪文；皤滩古镇更是一个罕见的古建筑群，规模宏大，建筑精致，保存完整，有"江南第一古镇""华东第一古街（龙形）""中国唐宋元明清时代的民俗民居活标本"之称；有朱熹讲学过的桐江书院；还有高迁古民居及宋窑遗址等。仙居民间文化艺术独树一帜，国家级非物质文化遗产针刺无骨花灯、九狮图、彩石镶嵌都享誉海内外。

仙居境内历代人才辈出，主要有唐代著名诗人项斯，宋代敢直谏秦桧卖国专权的名臣吴芾，著有世界最早的食用菌专著《菌谱》的陈仁玉，元代著名鉴藏家柯九思，明代敢直谏严嵩，颇有名气的吴时来等（图 8-21）。

图 8-21 仙居国家公园历史文化资源

2）宗教文化：大兴寺位于仙居县杨府乡石牛村北，始建于东汉兴平元年（194年），原名石头禅院，为台州历史上第一座寺院，1800 年来，历尽兴废，几经重建，20世纪 80 年代初开始恢复宗教活动，在僧定仁、学戒住持下，整修寺宇。1992 年，经县政府批准为佛教活动场所。寺外有现存世界上最大的晋代摩崖石刻"佛"字长宽12m×12m，名列全国第二大"佛"字（图 8-22）。

图 8-22　仙居国家公园宗教文化资源

　　3）慈孝文化：仙居是我国著名的慈孝之乡，这里百姓自古以孝悌为名，邻里和睦，可谓我国传统文化的典范之一。千百年来，在仙乡大地慈孝之风盛行，仙居慈孝文化的内涵不断充实，外延不断拓展，慈孝精神更是连绵不绝，传承不息。从皤滩周氏传承千年的孝廉家训，到如今不绝于耳的《弟子规》诵读，"慈孝仙居"，慈孝文化成为"精神富有、人文仙居"的首要内涵。

　　近年来，当地通过并开展了大量活动弘扬慈孝文化，如举办了"慈孝仙居·百艺重阳"大型展示活动，用民间文化闹重阳的方式拉开了全县敬老月系列活动（图 8-23）。

图 8-23　仙居—中国慈孝文化之乡

　　（6）社会经济

　　1）行政区划：仙居国家公园行政区域范围总面积 301.89 km²，现辖淡竹乡（除下叶村的全部行政村）、皤滩乡（陈山头村、金坑村、董坑村、万竹王村、下洪村、长垟村）、白塔镇（公有山村、高迁九村、山贝村、沙坑村、公有山插花村、插花村、前塘村、塘下村、东村村）、田市镇（九江村、苍山村、陈毛坑村、公盂村、前坑村、碗厂村、下曹村、上宅村、叶山村、下宅村、柯西山村、塘园村、东岸溪村、王山村、丁步头村、街下村、里坎头村）（图 8-24）。

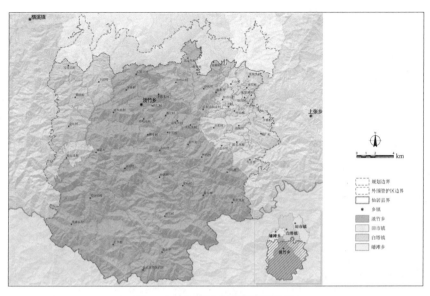

图 8-24 仙居国家公园行政区划

2）人口：截至 2014 年年末，仙居国家公园总人口 33 241 人，其中非农业人口 650 人，人口自然增长率为 6.42‰，人口密度为 110 人 /km²。

3）经济：2014 年，仙居国家公园人均生产总值 27 331 元，增长 8.83%。城镇居民家庭平均总收入为 29 426 元，同比增长 9.0%，其中可支配收入为 27 948 元，同比增长 9.8%。农村居民人均纯收入为 11 632 元，同比增长 11.2%，可支配收入为 9 678 元，同比增长 11.5%。

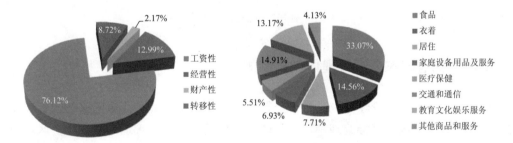

图 8-25 城镇居民家庭总收入分类比例   图 8-26 城镇居民家庭消费支出比例

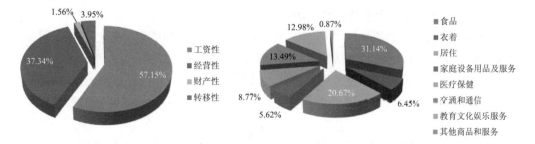

图 8-27 农村居民纯收入分类比例   图 8-28 农村居民家庭消费支出比例

8.3.2.3　仙居国家公园的总体布局和功能分区

根据仙居国家公园生态系统完整性、自然资源和主要保护对象分布特点，结合目前的建设现状，整合生态系统服务价值空间分布图、生态适宜性分析、生态敏感性分析和生物多样性保护区域分析图，以及土地利用图，进行功能区划，制定管理目标，分区建设和管理。仙居国家公园功能分区包括严格保护区、重点保护区、限制利用区、利用区和国家公园外的外围管护区（图8-29），表8-8为公园功能区划及管理措施。

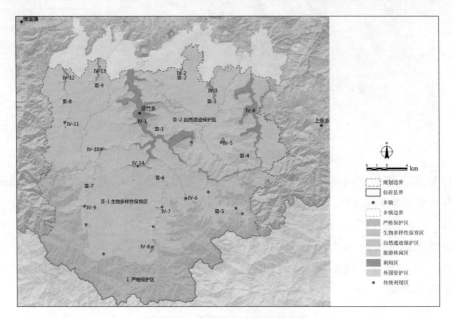

图 8-29　仙居国家公园功能区划

8.3.3　仙居国家公园管理体制机制规划

仙居国家公园实行管经分离、特许经营的管理和运营模式。仙居国家公园管理委员会是仙居国家公园的直接管理部门，行政属仙居县人民政府管理，主要负责区域内经济和社会行政事务，以及统一领导和管理自然资源。其管理模式具体包括：

（1）由国家自然资源资产管理部门对国家公园内所有自然资源进行统一确权登记，并行使国家公园内国有土地等自然资源的所有权职能；

（2）国家公园管理机构对非国有土地采取流转、租用和赎买等规范方式，对国家公园内所有土地等自然资源按功能区划和管理目标进行用途管制；

（3）仙居国家公园规划及外围管护区域涉及的淡竹乡全部行政范围，以及皤滩乡、白塔镇和田市镇部分行政村的经济和社会行政事务职能，由仙居国家公园管理机构负责统一行使；

（4）管理机构通过内设不同部门，分别负责资源保护以及商业性经营活动的监督管理等不同行政职责；

表 8-8　国家公园功能区划及管理措施

分区		面积 /km²	比例 /%	主要保护对象	管理措施	分布
严格保护区		76.01	25.18	典型亚热带阔叶林生态系统；生物多样性；重要物种及其栖息地；生态系统极敏感区；最重要的生态服务功能区	严格管控人类活动干扰，一般情况下禁止机动设备进入，只能配置必要的保护和科研设施。在国家公园法律法规未建立时，按现行各类自然保护地管理法律法规执行，以下各分区均依此管理原则	I
重要保护区	生物多样性保育区	128.28	42.50	生物多样性；重要物种及其栖息地；生态系统完整性；生态环境；生态系统敏感区；重要生态服务功能区	允许少量旅游和其他对自然生态环境影响较小的人类活动，主要为步行道和观景台设施；允许必要的交通设备进入，与自然环境友好的宣教设施，配置保护、科研、解说和安全防护设施	II -1
	自然遗迹保护区	37.47	12.41	自然遗迹资源；生物多样性；生态环境；生态系统敏感区；重要生态服务功能区		II -2
限制利用区	旅游休闲区	45.13	14.95	生态系统完整性；生态环境；生物多样性	在不改变原有自然景观、地形地貌情况下，允许游客适度进入，准许适量游人露营；修建必要的不与自然环境相冲突的交通设施，允许环境友好的交通设备进入，保证资源可持续利用	III -1, III -2, III -3, III -4, III -5, III -6, III -7, III -8, III -9
	传统利用区	—	—	原住居民的传统生活方式；传统的农业生产方式；有地域特征的古村落和建筑	保护原住居民可持续利用方式，保护古村落及建筑；建设不与自然环境相冲突的少量后勤服务设施	包括公盂村等共 15 处
利用区（国家公园服务区）		14.97	4.96	生态环境；自然植被；生态系统	允许集中人类活动；允许交通设备进入；允许自然资源可持续利用；配置公共、商业、宣教和后勤保障等设施	IV -1, IV -2, IV -3, IV -4, IV -5, IV -6, IV -7, IV -8, IV -9, IV -10, IV -11, IV -12, IV -13, IV -14

分区	面积 /km²	比例 /%	主要保护对象	管理措施	分布
外围管护区（国家公园外）	44.81	—	生态环境；自然植被；生态系统	建立相应的旅游公共设施建设；在基础设施建设和产业发展上考虑国家公园的保护和事业发展需要，尽量与国家公园的资源保护和景观维护需要适应；区内建设目标不得损害国家公园内的环境质量；在适当地进行管理的基础上，允许对自然资源可持续利用；对区域内可开展的旅游活动类型、范围和强度方面，以及旅游服务相关方面进行引导	共包括下珠村等 26 个行政村

（5）管理机构将同时承担国家公园科学研究、宣传教育等其他社会责任；

（6）当地社区拥有参与国家公园管理的优先权利，国家公园管理机构可优先从当地社区中聘用合同制人员，参与国家公园资源巡护、宣教、环卫、监督等工作。

8.3.4　仙居国家公园基本管理制度和配套政策

8.3.4.1　生态保护与恢复

（1）生态保护目标

仙居国家公园以保护典型亚热带阔叶林生态系统和生物多样性，以及中生代火山和火山岩地貌景观为主要地质遗迹和地质景观为主要目标。

（2）生态保护对象

仙居国家公园生态保护对象以森林生态系统、国家/地方重点保护动植物和自然遗迹为主。

（3）威胁因子分析

对仙居国家公园内主要保护对象存在潜在威胁的有三个因素，一是人类开发建设等活动，二是主要溪流断水，三是有害生物、山洪、火灾和雨雪冰冻等自然灾害。

（4）生态保护管理措施

1）严格保护区：严格保护区以保护典型亚热带阔叶林生态系统、生物多样性、重要物种及其栖息地、生态系统极敏感区和重要的生态服务功能区为目标。对该区域采取以下保护措施：

①严禁非法进入，杜绝发生人为活动对典型亚热带阔叶林生态系统的干扰和破坏，严格禁止和杜绝在严格保护区内非法偷捕偷采野生动植物等行为；

②尽量保持生态系统自然演替完整的生态学过程，确保区内自然生态系统的原始性、典型性及独特性，严禁引入外来物种，加强森林生态系统的保护；

③加强森林防火；

④加强生物多样性资源本底调查和评估，完善生物多样性监测预警体系。

2）重要保护区：生物多样性保育区以保护生物多样性、重要物种及其栖息地、典型森林生态系统等为主要目标。对该区域采取以下保护措施：

①加强生物多样性资源本底调查和评估，完善生物多样性监测；

②加强珍稀濒危野生动植物保护、保存和恢复；

③组织实施提升森林质量；

④加强森林有害生物防控；

⑤加强防控火灾、山洪、雨雪冰冻等自然灾害。

自然遗迹保护区主要保护中生代火山和火山岩地貌景观为主要地质遗迹和地质景观等自然遗迹的完整性和真实性，具体采取如下主要保护措施：

①保护区域内各种地质遗迹的自然形象，禁止破坏地质遗迹完整性和真实性的人

为活动；

②严禁伐木、开垦等开发利用活动，区内可以设置必需的游览道路和相关设施，但不得对地形、地貌环境景观造成破坏，所有人工设施都要与周边环境相协调；

③控制进入该区域的游人规模，严禁机动车辆进入；

④对专业人员的科考限定一定的范围和规模；

⑤加强自然生态系统和生物多样性的保护工作，与生物多样性保育区要求一致。

3）限制利用区：旅游休闲区该区域要求要保护优先的前提下，适当开展环境教育、科学研究和旅游休闲等公共服务活动。主要保护措施包括：

①在不破坏自然生态系统完整性，不改变原有自然景观、地形地貌情况下，允许游客适度进入，准许适量游人露营；

②修建必要的不与自然环境相冲突的交通设施，允许环境友好的交通设备进入，建设不与自然环境相冲突的旅游、宣教、解说、安全防护及少量后勤服务设施；

③不得对水源地生态环境造成污染；

④加强"三废"科学处理，垃圾进行分类收集，统一处理；

⑤对珍稀濒危动植物物种，以及重要自然遗迹，应根据各自特点，制定适宜的保护措施。

传统利用区主要保护原住居民的传统生活方式、传统的农业生产方式，以及有地域特征的古村落和建筑。主要保护要求如下：

①保护原住居民及传统自然资源利用方式，保证自然资源可持续利用，可从事传统耕种方式，禁止使用对环境产生影响的农药、化肥等；

②严禁在水源地附近玩耍、洗浴、洗衣物及向河中丢弃垃圾等，传统养殖方式要采取相应的环保措施，确保水源地环境不受污染；

③保护古村落及建筑，在修缮和建设古建筑或民居时，要注意与整体风格相一致，禁止与周边环境相冲突；

④加强遗传资源及相关传统知识惠益分享；

⑤在开展科研、教育、旅游等公共服务活动时，保护要求与旅游休闲区要求一致。

4）利用区：该区域主要配置公共、商业、宣教和后勤保障等设施，允许集中人类活动和允许交通设备进入。但要注意保护水源林，保持水体清洁，不得人为破坏水源。严禁破坏森林、土壤等自然资源，不得采石、挖土、建墓，抓好植树造林（造竹），防止水土流失；不得建设严重破坏自然景观的大型人工项目，不得开展大规模的建设工程；要采取有效措施进行区内生态系统恢复工作，适当开展与国家公园整体协调的绿化工程。加强有害生物、外来入侵物种、火灾等自然灾害等防控工作，保护生态环境。

5）外围管护区：该区域在基础设施建设和产业发展上考虑国家公园的保护和发展需要，尽量与国家公园的资源保护和景观维护需要适应；该区域内建设目标不得损害国家公园内的环境质量；适当开展生态环境修复和景观绿化等工程。生态环境保护要求与利用区相一致。

8.3.4.2　科研监测

该规划以保护国家公园内的生态环境和自然资源为宗旨，利用科学监测手段，对国家公园内的空气质量、水质、土壤质量、生物多样性资源和游客数量等开展动态监测，为保护、管理、合理开发和资源可持续利用提供科研基础和技术支持。

（1）大气质量监测规划

设置一个常规监测点，监测内容主要包括 CO、PM_{10}、SO_2、NO_x、$PM_{2.5}$ 和 O_3 等。

（2）地表水质监测规划

在国家公园的主要地表径流上游、公园内主要景点下游和主要出境径流设置 5 个断面，开展地表水质监测。监测内容主要包括 COD、石油类、氰化物、六价铬、汞、铅、镉和砷等。

（3）土壤质量监测规划

在国家公园内开展的土壤质量监测适用于"区域环境背景土壤采样"类。选点、采样技术、监测频率等技术规范均应参照相关规范执行。

（4）生物多样性监测规划

根据《仙居县生物多样性保护行动计划（2014—2030 年）》，开展生物多样性调查、监测和预警。

（5）客流量监测

在旅游旺季（5—10 月），实施电子门票制度，对刷卡进出国家公园范围内的游客数量实施监控，保证游客数量低于景区环境的最大容纳范围。

8.3.4.3　生态旅游

通过对仙居国家公园的生态旅游资源定量分析，将旅游资源总体特征概括为：数量众多，类型丰富，品质优良，特色鲜明。

生态旅游区规划范围为旅游休闲区、利用区和外围管护区，在自然遗迹保护区开展一些徒步探险等环境适宜性较好的旅游项目。该规划以自然生态景观为依托，将生态旅游资源划分为四个旅游片区：大神仙居地质景观旅游区、十三都水上娱乐旅游区、淡竹生态休闲旅游区、仙居民宿体验旅游区。游赏项目包括野外游憩、审美欣赏、娱乐体育、参与体验等类别。

（1）大神仙居地质景观旅游区

该旅游区位于公园西北部，由神仙居徒步登山旅游分区、景星岩文化体验旅游分区、公盂岩自然探险旅游分区三部分构成。以地质景观为主要景观特色，火山岩地貌类型齐全，发育完整、构造独特，具有十分突出的景观与科研价值。

（2）十三都水上娱乐旅游区

该旅游区位于淡竹乡境内十三都坑下游地区，河面宽阔，水资源丰富，沿岸景色优美。以"水上娱乐，赏溪之旅"为主题开展旅游活动，建设以水上娱乐项目为主的休闲旅游区，包括水上漂流、滑水、皮划艇、水上蹦床、游船沿溪景观游赏。

（3）淡竹生态休闲旅游区

该旅游区位于仙居国家公园中南部淡竹乡境内，区域较为完整地保存了自然景观的原始性和自然性，以植物景观和水景观最具特色。主要景点有：苦槠树林、南方红豆杉古树、毛竹林、上吴石头村、淡竹瀑布群及特色民俗村寨等。淡竹生态休闲旅游服务区及相关设施位于生物多样性保育区内，该区域生态环境较为敏感，应严格限制旅游活动范围，注重活动的生态适宜性。

（4）仙居民宿体验旅游区

该旅游区位于公园东西两侧皤滩镇与田市镇境内，分别规划两个生态旅游片区，主要以开展民俗体验、乡村生活体验、生态农业观光为内容。依托仙居县及国家公园良好环境本底，打造生态休闲农庄，生态采摘园，农艺观光园，生态花卉观光园等项目，重点创建一批特色园区、特色村区、特色农区，形成一村一品、一园一品、一组一品甚至一家一品的特色旅游发展模式，创建一个综合性、多功能、示范性、高品位的全国有机生态农业休闲旅游示范园区。

8.3.4.4　科普宣教

（1）建立宣传教育中心

建立集公园管理、信息发布、营销宣传、电子商务、媒体运营于一体的宣传运营系统，推广仙居国家公园的形象和特色。

设置游客中心（为参观者提供信息、咨询、游程安排、讲解、教育、休息等服务设施）、宣教中心（提供信息、咨询和教育等服务设施）、资源展示厅、多媒体功能室。主要采用实物、标识牌、模型、多媒体和网络等多样的宣传方式，通过电视、报刊和网络等渠道，在交通较为便利、人员集中的地方进行集中展示、宣传和教育，内容包括仙居国家公园各类资源的科学价值、保护、科研、监测成果，社区文化及管理历史等。

（2）建立和完善解说系统

仙居国家公园解说系统主要由标识牌系统和教育解说系统组成，其中标识牌系统主要布设在公园内外主要场所和交通干道上，起目的地引导、警示警告的作用，包括交通导向标识、景点导向标识、警示警告标识和管理设施标识等。教育解说系统主要布设在专门的场所、场馆，向公众展示资源、说明现象和解释原理等，包括科普画册、解说标牌、展览解说、音像解说和人员解说等。解说内容以仙居国家公园自然和文化资源为主，包括生物多样性、地质地貌、自然景观、历史文化和环境教育等。

8.3.4.5　社区发展

国家公园进行资源利用的目的是增强国家公园经济发展后劲和公园的可持续发展，在利用区和限制利用区合理开发利用资源，不得破坏自然生态环境，不能开展可能造成环境污染的项目，不能对公园内保护对象构成威胁。经济开发，严禁以破坏自然为代价，避免开发影响社区关系的项目，要科学合理挖掘国家公园资源优势，以发展国家公园特色产业项目为主，充分发挥国家公园和社区自身优势，发展国家公园与社区的友好合作关系，引导与帮助社区居民发展生产，劳动致富，从根本上解决自然资源保护与社区居民利益的矛盾的原则。仙居国家公园资源可持续利用主要包括有机稻米种植、仙居鸡和仙居花猪保育、杨梅和蜜桃种植、土蜂蜜特色产品和仙居国家公园特色服务点等。

参考文献

[1] Dudley N. Guidelines for Applying Protected Area Management Categories[M]. Management Categories International Union for Conservation of Nature & Natural Resources, 2008.

[2] Marine Deguignet, Diego Juffe-Bignoli, Jerry Harrison, et al. 2014 United Nations List of Protected Areas[R]. 2014.

[3] 陈安泽 . 中国国家地质公园建设的若干问题 [J]. 资源 · 产业，2003，5（1）：57-63.

[4] 陈丹 . 台湾"国家公园"对大陆自然保护区建设管理的启示 [J]. 林产工业，2015，42（5）：58-60.

[5] 陈杨，党安荣 . 中国国家公园物质形态规划理念探讨 [J]. 青海师范大学学报（哲学社会科学版），2016，38（2）：41-44.

[6] 陈耀华，陈远笛 . 论国家公园生态观——以美国国家公园为例 [J]. 中国园林，2016，32（3）：57-61.

[7] 陈耀华，黄丹，颜思琦 . 论国家公园的公益性、国家主导性和科学性 [J]. 地理科学，2014，34（3）：257-264.

[8] 陈耀华，张丽娜 . 论国家公园的国家意识培养 [J]. 中国园林，2016，32（7）：5-10.

[9] 陈宇光 . 刍议我国自然保护区建立国家公园制度——以 51 个面积最大的自然保护区为例 [J]. 青海农林科技，2014，（1）：37-40.

[10] 戴秀丽，周晗隽 . 我国国家公园法律管理体制的问题及改进 [J]. 环境保护，2015，43（14）：41-44.

[11] 邓毅，毛焱，蒋昕，等 . 中国国家公园体制试点：一个总体框架 [J]. 风景园林，2015，（11）：85-89.

[12] 丁志敏，郑孝正，彭昕 . 庐山百年规划历程述评和问题探讨 [J]. 华中建筑，2008，26（8）：147-149.

[13] 段建强，廖嵘 . 陈植《造园学概论》中的"遗产保护"理念 [J]. 中国园林，2009，25（11）：17-19.

[14] 丰婷 . 国家公园管理模式比较研究 [D]. 华东师范大学，2011.

[15] 封珊 . 国家公园旅游吸引力影响因素研究 [D]. 华东师范大学，2015.

[16]   冯庆俊 . 公物法视域中的国家公园法研究 [D]. 西南政法大学，2011.

[17]   桂小杰 . 关于建立国家公园体制的思考 [J]. 林业与生态，2014（2）：35-37.

[18]   贺艳，殷丽娜。美国国家公园管理政策 [M]. 上海：上海远东出版社，2015.

[19]   后立胜 . 国家地质公园的发展及其阶段性 [J]. 当代经济管理，2005, 27（1）：63-65+58.

[20]   黄丽玲，朱强，陈田 . 国外自然保护地分区模式比较及启示 [J]. 旅游学刊，2007, 22（3）：
        18-25.

[21]   贾建中，邓武功，束晨阳 . 中国国家公园制度建设途径研究 [J]. 中国园林，2015, 31（2）：
        8-14.

[22]   赖郑华，饶相如，刘进社，等 . 世界国家公园和保护区的未来走向与我国的对策 [J]. 河南
        农业大学学报，1995,（3）：298-303.

[23]   兰思仁，戴永务，沈必胜 . 中国森林公园和森林旅游的三十年 [J]. 林业经济问题，2014,
        34（2）：97-106.

[24]   雷光春，曾晴 . 世界自然保护的发展趋势对我国国家公园体制建设的启示 [J]. 生物多样
        性，2014, 22（4）：423-424.

[25]   李丰生，张文茜，曹世武 . 国家公园管理模式研究进展与述评 [J]. 广西师范学院学报：
        哲学社会科学版，2015（6）：142-147.

[26]   李吉龙 . 基于森林管理视角的中国国家公园探索 [D]. 中国林业科学研究院，2015.

[27]   李经龙，李晓洁，周金陵 . 美国国家公园体制的发展经验概述及启示 [J]. 旅游世界 · 旅
        游发展研究，2016,（2）：16-23.

[28]   李炯 . 关于国家公园的发展战略与体制构想：浙江为例 [J]. 浙江树人大学学报：人文社
        会科学版，2014, 14（2）：42-46.

[29]   李俊生，罗建武，王伟，等 . 中国自然保护区绿皮书——国家级自然保护区发展报告
        2014[M]. 北京：中国环境出版社，2015.

[30]   李梦雯，王跃先 . 中美国家公园法律制度比较研究及启示 [J]. 学理论，2015（10）：145-
        146.

[31]   李娜 . 美国自然保护区及其立法研究 [D]. 中国海洋大学，2007.

[32]   李如生 . 美国国家公司的法律基础 [J]. 中国园林，2002, 18（5）：6-12.

[33]   李振鹏 . 国家风景名胜区制度与国家公园体制对比研究及相关问题探讨 [J]. 风景园林，
        2015,（11）：74-77.

[34]   廖凌云，杨锐，曹越 . 印度自然保护地体系及其管理体制特点评述 [J]. 中国园林，2016,
        32（7）：31-35.

[35]   刘馥瑶，陈朝圳 . 台湾地区国家公园管理体制发展与趋势 [J]. 世界林业研究，2016, 29
        （4）：77-82.

[36]   刘红纯 . 世界主要国家国家公园立法和管理启示 [J]. 中国园林，2015, 31（11）：73-77.

[37]   刘映杉 . 国外主要国家保护区分类体系与管理措施 [J]. 现代农业科技，2012（7）：224-
        225.

[38]   卢琦，赖政华，李向东 . 世界国家公园的回顾与展望 [J]. 世界林业研究，1995（1）：34-40.

[39]　卢志明，郭建强．地质公园的基本概念及相关问题思考 [J]. 四川地质学报，2003，23（4）：236-239.

[40]　罗金华．中国国家公园管理模式的基本结构与关键问题 [J]. 社会科学家，2016（2）：80-85.

[41]　吕植．中国国家公园：挑战还是契机 [J]. 生物多样性，2014，22（4）：421-422.

[42]　马克平．当前我国自然保护区管理中存在的问题与对策思考 [J]. 生物多样性，2016，24（3）：249-251.

[43]　马克平．国家公园首先是自然保护基地 [J]. 生物多样性，2014，22（4）：415-417.

[44]　欧阳志云，徐卫华．整合我国自然保护区体系，依法建设国家公园 [J]. 生物多样性，2014，22（4）：425-426.

[45]　齐建文．中国国家公园体制建设必要性分析与探讨 [J]. 中南林业调查规划，2014，33（3）：19-23.

[46]　祁威摆，张镱锂，吴雪，等．生态工程实施对羌塘和三江源国家级自然保护区植被净初级生产力的影响 [J]. 生物多样性，2016，24（2）：127-135.

[47]　束晨阳．论中国的国家公园与保护地体系建设问题 [J]. 中国园林，2016，32（7）：19-24.

[48]　宋苑．基于国家公园体系论中国保护地发展 [J]. 现代农业科技，2012（17）：158-159.

[49]　孙丰虎．三江源国家公园设立的相关法律问题探析——以美国黄石国家公园为例的比较法研究 [J]. 攀登：哲学社会科学版，2015，34（6）：130-136.

[50]　唐芳林，孙鸿雁，王梦君，等．关于中国国家公园顶层设计有关问题的设想 [J]. 林业建设，2013，（6）：8-16.

[51]　唐芳林，王梦君．国外经验对我国建立国家公园体制的启示 [J]. 环境保护，2015，43（14）：45-50.

[52]　唐芳林．国家公园收费问题探析 [J]. 林业经济，2016（5）：9-13.

[53]　唐小平．中国国家公园体制及发展思路探析 [J]. 生物多样性，2014，22（4）：427-430.

[54]　托马斯·韦洛克，史红帅．创建荒野：印第安人的移徙与美国国家公园 [J]. 中国历史地理论丛，2009，24（4）：146-154.

[55]　王灿发．国外自然保护区立法比较与我国立法的完善 [J]. 环境保护，2006（11）：73-78.

[56]　王昌海．国家公园体制建设的几个关键点 [J]. 中国发展观察，2016（10）：27-29.

[57]　王辉，刘小宇，郭建科，等．美国国家公园志愿者服务及机制——以海峡群岛国家公园为例 [J]. 地理研究，2016，35（6）：1193-1202.

[58]　王辉，张佳琛，刘小宇，等．美国国家公园的解说与教育服务研究——以西奥多·罗斯福国家公园为例 [J]. 旅游学刊，2016，（5）：119-126.

[59]　王佳．美国国家公园立法体系分析 [J]. 经济研究导刊，2015（17）.

[60]　王京歌．我国自然保护区的现状与问题 [J]. 生态经济，2015，31（3）：10-13.

[61]　王蕾，马有明，苏杨．体制机制角度的中国文化与自然遗产地管理体系发展状况和方向 [J]. 中国园林，2013（12）：89-93.

[62]　王丽丽．国外国家公园社区问题研究综述 [J]. 云南地理环境研究，2009，21（1）：73-77.

[63] 王连勇,霍伦贺斯特·斯蒂芬.创建统一的中华国家公园体系——美国历史经验的启示 [J].地理研究,2014,33(12):2407-2417.

[64] 王梦,黄金玲.我国建立国家公园体系的问题与路径初探 [J].广东园林 2015(4):41-45.

[65] 王梦君,唐芳林,孙鸿雁,等.国家公园的设置条件研究 [J].林业建设,2014(2):1-6.

[66] 王梦君,唐芳林,孙鸿雁.国家公园范围划定探讨 [J].林业建设,2016(1):21-25.

[67] 王青瑶.我国自然遗产保护中的产权问题研究 [J].中国环境管理干部学院学报,2013,23(6):27-29.

[68] 王夏晖.我国国家公园建设的总体战略与推进路线图设计 [J].环境保护,2015,43(14):30-33.

[69] 王毅,陈劭锋.2015中国可持续发展报告——重塑生态环境治理体系 [M].北京:科学出版社,2015.

[70] 王跃先,李梦雯.我国国家公园立法刍议 [J].北方经贸,2015(10):102-103.

[71] 谢凝高.中国国家公园探讨 [J].中国园林,2015,31(2):5-7.

[72] 徐菲菲.制度可持续性视角下英国国家公园体制建设和管治模式研究 [J].旅游科学,2015,29(3):27-35.

[73] 王佳鑫,石金莲,常青,等.基于国际经验的中国国家公园定位研究及其启示 [J].世界林业研究,2016(3):1-9.

[74] 徐绍史.国务院关于生态补偿机制建设工作情况的报告 [R].全国人民代表大会常务委员会公报,2013.

[75] 严国泰,沈豪.中国国家公园系列规划体系研究 [J].中国园林,2015,31(2):15-18.

[76] 严国泰,张杨.构建中国国家公园系列管理系统的战略思考 [J].中国园林,2014(8):12-16.

[77] 颜文洪.世界遗产与保护地管理模式比较研究 [J].城市问题,2006(3):79-81.

[78] 闫颜,王智,高军,等.我国自然保护区地区分布特征及影响因素 [J].生态学报,2010,30(18):5091-5097.

[79] 杨果,范俊荣.促进我国国家公园可持续发展的法律框架分析 [J].生态经济,2016,32(3):170-173.

[80] 杨建美.美国国家公园立法体系研究 [J].曲靖师范学院学报,2011,30(4):104-108.

[81] 杨锐.论中国国家公园体制建设中的九对关系 [J].中国园林,2014,(8):5-8.

[82] 杨锐.美国国家公园的立法和执法 [J].中国园林,2003,19(5):63-66.

[83] 杨锐.试论世界国家公园运动的发展趋势 [J].中国园林,2003,19(7):10-16.

[84] 于凤琴.生态保护红线下的国家公园建设 [J].森林与人类,2014(5):82-83.

[85] 余俊,解小冬.从美国国家公园制度看我国自然保护区立法目的定位 [J].生态经济,2011(3):172-175.

[86] 袁婷,王辉,孙静,等.国家公园学术研究的进展与思考 [J].大连民族大学学报,2016,18(2):142-146,150.

[87]　张婧雅, 李卅, 张玉钧. 美国国家公园环境解说的规划管理及启示 [J]. 建筑与文化, 2016（3）: 170-173.

[88]　张全洲, 陈丹. 台湾地区国家公园分区管理对大陆自然保护区的启示 [J]. 林产工业, 2016, 43（6）: 59-62.

[89]　张晓. 国外国家风景区名胜区（国家公园）管理和经营评述 [J]. 中国园林, 1999（5）: 56-60.

[90]　张宇, 朱立志. 关于我国草原类国家公园建设的思考 [J]. 草业科学, 2016（2）: 201-209.

[91]　张振威, 杨锐. 中国国家公园与自然保护地立法若干问题探讨 [J]. 中国园林, 2016, 32（2）: 70-73.

[92]　赵敏燕, 陈鑫峰. 中国森林公园的发展与管理 [J]. 林业科学, 2016, 52（1）: 118-127.

[93]　赵全璧. 完善我国特殊区域环境保护法律制度的思考 [D]. 东北林业大学, 2006.

[94]　赵智聪, 彭琳, 杨锐. 国家公园体制建设背景下中国自然保护地体系的重构 [J]. 中国园林, 2016, 32（7）: 11-18.

[95]　赵智聪. 新西兰保护部成立与改革的过程与特点分析 [J]. 中国园林, 2015, 31（2）: 36-40.

[96]　郑杰. 对青海国家公园建设问题的思考 [J]. 攀登: 哲学社会科学版, 2014, 33（6）: 78-81.

[97]　郑莹莹. 加拿大自然保护地的概况及立法现状探讨 [J]. 魅力中国, 2010（14X）: 115.

[98]　周珂. 环境法学研究 [M]. 北京: 中国人民大学出版社, 2008.

[99]　周兰芳. 中国国家公园体制构建研究 [D]. 中南林业科技大学, 2015.

[100]　周少华, 王莉浅议自然保护区的产权制度 [C]. 2004 年中国法学会环境资源法学研究会年会. 2004.

[101]　周武忠, 徐媛媛, 周之澄. 国外国家公园管理模式 [J]. 上海交通大学学报, 2014, 48（8）: 1205-1212.

[102]　周武忠. 国外国家公园法律法规梳理研究 [J]. 中国名城, 2014（2）: 39-46.

[103]　朱春全. 关于建立国家公园体制的思考 [J]. 生物多样性, 2014, 22（4）: 35-37.

[104]　朱春全. 建立国家公园体制应厘清概念、加强立法 [J]. 世界遗产, 2014（10）: 21.

[105]　朱春全. 世界自然保护联盟（IUCN）自然保护地管理分类标准与国家公园体制建设 [J]. 陕西发展和改革, 2016（3）: 7-11.

[106]　朱广庆. 国外自然保护区的立法与管理体制 [J]. 环境保护, 2002（4）: 10-13.

[107]　朱里莹, 徐姗, 兰思仁. 国家公园理念的全球扩展与演化 [J]. 中国园林, 2016, 32（7）: 36-40.